江苏省
生态文明建设进程中河湖生态保护与修复重点研究专题资助

基于生态文明的
流域治理模式与路径研究

郑垂勇 ◎ 主审

赵 敏　刘永进　冯云飞　史安娜 ◎ 编著

·南京·

图书在版编目(CIP)数据

基于生态文明的流域治理模式与路径研究 / 赵敏等编著. -- 南京：河海大学出版社，2023.5
 ISBN 978-7-5630-8232-2

Ⅰ.①基… Ⅱ.①赵… Ⅲ.①流域治理-研究 Ⅳ.①TV88

中国国家版本馆 CIP 数据核字(2023)第 091088 号

书　　名	基于生态文明的流域治理模式与路径研究
书　　号	ISBN 978-7-5630-8232-2
责任编辑	龚　俊
文字编辑	谢淑慧
特约校对	梁顺弟
装帧设计	槿容轩　张育智　刘　冶
出版发行	河海大学出版社
地　　址	南京市西康路 1 号(邮编:210098)
网　　址	http://www.hhup.com
电　　话	(025)83737852(总编室)
	(025)83722833(营销部)
经　　销	江苏省新华发行集团有限公司
排　　版	南京布克文化发展有限公司
印　　刷	广东虎彩云印刷有限公司
开　　本	880 毫米×1230 毫米　1/32
印　　张	5.625
字　　数	150 千字
版　　次	2023 年 5 月第 1 版
印　　次	2023 年 5 月第 1 次印刷
定　　价	40.00 元

前言

流域作为天然的集水单元,是大自然的产物。在人类社会形成之前,水流、土壤、植物、动物等各种自然资源,经过日复一日、年复一年的冲击、磨合、适应,逐渐构成了一种稳定的流域生态体系。流域不仅是一个从源头到河口的完整、独立的集水单元,其所在的自然区域还是人类经济、文化等一切活动的重要社会场所,在国家和区域发展进程中具有重要意义。人类社会的存在与发展无一不是以流域为依托,从尼罗河流域、幼发拉底河及底格里斯河所在的两河流域、印度河流域再到中国的黄河流域,均孕育了人类古代文明。即便是到了工业文明的当代社会,很多经济发达地区仍是依傍流域而形成,例如中国的长三角、珠三角等地区。

随着人口的增加和经济社会的发展,一个时期以来过度追求经济利益,使得我国的流域面临严重的生态问题,例如水资源浪费及水污染严重、土地荒漠化加剧、水土流失等问题,造成生态环境恶化,流域治理开发存在不协调、不平衡、不可持续等问题。而在治理的程度上,往往受到管理体制和运行机制等各方面因素的限制,在治理目标上,往往以经济效益为主,缺乏综合的、可以兼顾其他方面的治理模式。

党的十八大报告提出,建设生态文明是关系人民福祉、关乎民族未来的长远大计。在当前环境保护与经济发展成为世界各国面临的两大主题的背景下,完全有必要从生态文明的角度,进一步研究我国流域治理和水资源保护的相关问题,以追求人与自然的和谐相处,保证经济发展不以流域环境的破坏为代价。鉴于此,本项目研究旨在把"生态文明"的理念合理应用于流域治理当中,以流域生态文明建设为契机,不断推动流域管理实现新的跨越。

目前,我国流域管理模式存在着治理主体单一、治理功能碎片化、治理缺乏协作机制、治理过程与治理目标没有充分兼顾环境友好等问题。因此,架构一种基于生态文明理念的流域管理模式与路径,显得尤为重要。本项目研究通过对现有流域管理模式进行深入的探讨与分析,发现缺陷与不足,从经济、社会、生态、人与自然和谐共生等多角度出发,完善相关体制与机制,利用多种手段对流域进行科学合理的管理,对流域的生态文明建设、流域的可持续发展,以及构建社会主义和谐社会有着积极的意义。

本项目在整个研究过程中,始终得到了国家发展改革委农经司、水利部规划计划司、水利部水利水电规划设计总院等单位的有关领导和专业人员的指导和帮助,在此谨向所有给予支持和帮助的人们表示衷心的感谢。

参与本项目研究的人员还有河海大学童纪新教授、马骏副教授,河海大学博士研究生董佳瑞、李峰。

本项目研究参考了大量国内外专家学者的专著、期刊文章、学位论文和网络资料,因篇幅所限而未全部一一标注,在此也一并致以谢意。

作者
2023.1

目录

第一章 绪论 …………………………………… 001
  1.1 研究的背景 …………………………………… 001
  1.2 研究的目的与意义 …………………………… 003
    1.2.1 研究目的 ………………………………… 003
    1.2.2 研究意义 ………………………………… 004
  1.3 国内外文献综述 ……………………………… 005
    1.3.1 国外相关研究综述 ……………………… 005
    1.3.2 国内相关研究综述 ……………………… 007
    1.3.3 文献述评 ………………………………… 009
  1.4 研究内容、技术路线与方法 ………………… 009
    1.4.1 研究内容 ………………………………… 009
    1.4.2 技术路线 ………………………………… 010
    1.4.3 研究方法 ………………………………… 010

第二章 基于生态文明的流域治理相关理论与国际经验 … 012
  2.1 相关理论基础 ………………………………… 012
    2.1.1 外部性理论 ……………………………… 012
    2.1.2 博弈论 …………………………………… 015
    2.1.3 生态经济学 ……………………………… 016
    2.1.4 福利经济学 ……………………………… 018
    2.1.5 可持续发展理论 ………………………… 019

  2.1.6　合作竞争理论 ·················· 020
  2.1.7　政府管制理论 ·················· 022
 2.2　国外流域治理的实践 ···················· 023
  2.2.1　国外流域治理现状 ················ 023
  2.2.2　国外流域治理的案例分析 ············ 025
 2.3　国外流域治理的启示 ···················· 030

第三章　我国流域治理现状及存在缺陷分析 ··········· 034
 3.1　我国流域治理主体分析 ··················· 034
  3.1.1　政府 ························ 034
  3.1.2　企业 ························ 035
  3.1.3　社会组织 ····················· 037
  3.1.4　流域治理主体共生关系的博弈诠释 ······· 039
 3.2　我国流域治理手段与制度分析 ··············· 040
  3.2.1　流域治理手段 ··················· 041
  3.2.2　流域治理制度 ··················· 044
 3.3　我国流域治理模式与机制的缺陷 ············· 049
  3.3.1　治理功能"碎片化" ················ 050
  3.3.2　治理主体"单边化" ················ 050
  3.3.3　治理缺乏协作机制 ················ 051
  3.3.4　治理过程没有充分兼顾环境友好 ········ 052
 3.4　我国流域治理模式与机制存在缺陷的原因分析 ··· 052
  3.4.1　流域区与行政区规则不兼容 ··········· 052
  3.4.2　涉水机构的复杂性 ················ 053
  3.4.3　法律法规体系不健全 ··············· 054
  3.4.4　"以物为中心"的价值取向 ············ 054
  3.4.5　计划经济体制的影响 ··············· 055

第四章 基于生态文明的流域治理路径与模式选择价值取向 056
4.1 价值取向的含义 056
4.2 基于生态文明的流域治理的价值取向的维度 057
    4.2.1 生态文明 058
    4.2.2 环境友好 060
    4.2.3 可持续发展 062
4.3 坚持价值取向的意义 063
    4.3.1 促进全民族生态道德文化素质的提高 ... 063
    4.3.2 实现经济、社会、生态效益一体化 064
    4.3.3 促进全面建成小康社会目标的实现 065
    4.3.4 推动生产方式和生活模式的转变 066

第五章 基于生态文明的流域治理模式的内涵与框架 068
5.1 基于生态文明的流域治理机制的特点 068
    5.1.1 治理主体多元化 068
    5.1.2 治理目标综合化 070
    5.1.3 治理手段多样化 071
5.2 基于生态文明的流域治理机制的基本框架 072
    5.2.1 分层治理 072
    5.2.2 伙伴治理 074
    5.2.3 分层治理与伙伴治理相结合 075
5.3 基于生态文明的流域治理框架的意义 077

第六章 基于生态文明的流域治理模式选择 079
6.1 流域治理模式概述 079
6.2 国内外主要流域治理模式 080
    6.2.1 直接管制治理模式 080
    6.2.2 市场治理模式 082

    6.2.3 协商治理模式 …………………………… 083
  6.3 流域治理最佳模式必备条件 ……………………… 084
    6.3.1 系统性 ……………………………………… 085
    6.3.2 资源环境承载性 …………………………… 087
    6.3.3 协调性 ……………………………………… 088
    6.3.4 可持续性 …………………………………… 089
  6.4 流域治理的最佳模式——综合治理模式 ………… 089
    6.4.1 综合模式的概念 …………………………… 089
    6.4.2 采取综合治理模式的原因 ………………… 091
    6.4.3 采取综合治理模式的意义 ………………… 092

第七章 基于生态文明的流域治理路径选择 …………… 093
  7.1 基于生态文明流域治理的总体思路 ……………… 093
    7.1.1 基于生态文明流域治理的总体要求 …… 093
    7.1.2 基于生态文明流域治理的基本原则 …… 094
  7.2 基于生态文明的流域治理路径分析与选择 ……… 095
    7.2.1 建立流域间的区域协调与合作制度 …… 095
    7.2.2 构建完善的流域水权交易制度 ………… 099
    7.2.3 建立流域生态经济系统的生态补偿机制
       …………………………………………… 107
    7.2.4 完善流域治理的自愿性激励措施 ……… 111
    7.2.5 加强流域治理的技术创新 ……………… 113
    7.2.6 推进水生态系统保护与修复 …………… 115

第八章 案例分析：基于水生态足迹的淮河流域发展模式
    …………………………………………………… 117
  8.1 水资源生态足迹构建 ……………………………… 118
  8.2 淮河流域水资源生态足迹现状诊断 ……………… 120
  8.3 淮河流域发展方式选择 …………………………… 123

第九章 基于生态文明的流域治理政策选择 …… 128
9.1 坚持经济手段,发挥市场化治理的优势 …… 128
9.1.1 PPP 模式 …… 129
9.1.2 BOT 模式 …… 129
9.1.3 TOT 模式 …… 131
9.1.4 PPP、BOT、TOT 公私伙伴治理方式比较分析 …… 132
9.2 创新公众参与机制,构建流域治理的多方博弈平台 …… 133
9.2.1 公众参与流域治理的意义 …… 133
9.2.2 公众参与流域治理存在的问题 …… 134
9.2.3 公众参与流域治理的对策与建议 …… 136
9.3 创新流域规划体系,加强流域的科学论证和综合治理 …… 140
9.3.1 流域规划的总体思路与安排 …… 140
9.3.2 流域规划的内容体系 …… 142
9.4 创新与完善流域相关立法,为流域治理提供法律保障和依据 …… 144
9.4.1 引入综合生态系统管理理念以修订完善相关法律 …… 144
9.4.2 制定专门的《流域管理法》 …… 145
9.4.3 出台流域性生态系统保护法规 …… 145

主要参考文献 …… 148
附录 …… 151
水利部关于强化流域治理管理的指导意见 …… 151
水利部办公厅关于强化流域水资源统一管理工作的意见 …… 161

图表目录

图 1-1　研究的简要技术路线 …………………………… 011
图 2-1　田纳西河流域综合开发与治理的内在机制 ……… 026
图 2-2　墨累—达令河流域三层管理组织框架 …………… 029
图 3-1　流域治理主体和谐共生模型 ……………………… 041
图 3-2　政府干预流域治理的手段和内容 ………………… 042
图 3-3　长江流域产权交易共同市场组织结构 …………… 047
图 5-1　基于生态文明的流域治理机制的特点 …………… 069
图 5-2　基于生态文明的流域治理机制的基本框架 ……… 073
图 6-1　基于生态文明的流域治理模式选择 ……………… 090
图 7-1　我国水资源的分布特点 …………………………… 103
图 7-2　水资源供需与水权价格的关系 …………………… 104
表 8-1　2001—2009 年淮河流域经济及水资源情况 ……… 121
表 8-2　2001—2009 年淮河流域人均水资源生态足迹和承载力
　　　　计算结果汇总 …………………………………… 122
表 8-3　淮河流域水资源可持续利用发展模式考量指标 … 124
表 8-4　淮河流域水资源可持续利用发展情景设计方案 … 124
表 8-5　情景模式 1 的淮河流域水资源生态足迹和生态承载力
　　　　计算结果 ………………………………………… 125
表 8-6　情景模式 2 的淮河流域水资源生态足迹和生态承载力
　　　　计算结果 ………………………………………… 125

表8-7	情景模式3的淮河流域水资源生态足迹和生态承载力计算结果 …………………………………………… 126
表8-8	情景模式4的淮河流域水资源生态足迹和生态承载力计算结果 …………………………………………… 126
图9-1	PPP模式结构框架 …………………………………… 130
图9-2	BOT模式结构框架 …………………………………… 131
图9-3	TOT模式结构框架 …………………………………… 132
表9-1	PPP、BOT、TOT公私伙伴治理方式对比 ………… 133
图9-4	流域规划内容体系 …………………………………… 143
图9-5	流域管理法律体系 …………………………………… 147

第一章 绪论

1.1 研究的背景

在人类社会形成初期,由于科学技术的局限性,人类只能遵守大自然的生存法则,顺应大自然的发展规律。随着科学技术的日益进步,到了工业文明时代,人类获得了征服大自然的能力。在利益的驱使下,人类与大自然的关系由利用大自然转变为滥用大自然,这种关系的转变激化了人类与大自然的矛盾,在经济发展的同时,产生了一系列的生态环境问题,如水土流失、河流污染、土地沙漠化等。随着生态环境的恶化,生态文明建设提上日程,世界各国开始排斥"以破坏生态环境为代价"的经济增长方式,如何实现"在经济增长的同时确保人与自然和谐相处"成为社会研究的一大重要课题。

2013年11月,中国共产党十八届三中全会审议通过了《中共中央关于全面深化改革若干重大问题的决定》,确定全面深化改革的总目标是完善和发展中国特色社会主义制度,推进国家治理体系和治理能力现代化。加快发展"社会主义市场经济、民主政治、先进文化、和谐社会、生态文明"成为全面深化改革的五大目标,生态文明建设随之被提高到一个新的战略高度。

生态文明理念的加强,也使得各国相继开始把这一理念融入各种管理制度与体系之中,如流域治理机制。流域作为天然的集水单元,是大自然的产物。在人类社会形成之前,水流、土壤、植物、动物等各种自然资源经过日复一日、年复一年的冲击、磨合、适应，逐渐构成了一种稳定的流域生态体系。流域不仅是一个从源头到河口的完整、独立的集水单元，其所在的自然区域又是人类经济、文化等一切活动的重要社会场所，在国家和区域发展进程中具有重要意义。人类社会的生存与发展无一不是以流域作为依托，从尼罗河流域、幼发拉底河及底格里斯河流域、印度河流域到中国的黄河流域，均孕育了人类古代文明。即便是到了工业文明的当代社会，很多经济发达地区仍是依傍流域而形成，例如中国的长三角、珠三角等地区。

然而，随着人口的增加和经济社会的发展，过度追求经济利益使得我国的流域面临严重的生态问题，例如水资源浪费及水污染严重、土地荒漠化加剧、水土流失等问题，造成流域生态环境恶化，制约了流域经济的可持续健康发展。虽然政府采取了一系列的措施进行流域治理，但是在治理的程度上，往往受到投资等各方面因素的限制，在治理目标上，往往以经济效益为主，缺乏统筹兼顾的治理模式，流域开发治理存在不协调、不平衡、不可持续等问题。

目前，生态文明日益受到全社会的关注和重视，"美丽中国"建设已经成为全社会的共识。我国政府不仅在全面建成小康社会的目标中对生态文明建设提出明确要求，而且将其与经济建设、政治建设、文化建设、社会建设一道纳入社会主义现代化建设"五位一体"的总体布局，这标志着我国政府对社会发展规律和生态文明建设重要性的认识达到了新的高度。另外，在当前环境保护与经济发展成为世界各国面临的两大主题的背景下，完全有必要从生态文明的角度来进一步研究我国流域治理和水资源保护的相关问题，以追求人与自然的和谐相处，保证经济发展不以流域环境的破坏为代价。

1.2 研究的目的与意义

1.2.1 研究目的

基于上述研究背景,本项目以相关理论为指导,研究分析国外流域治理的实践,结合我国流域治理开发现状,探寻基于生态文明理念的流域治理模式与路径。

(1) 将生态文明建设与流域治理相结合

根据社会发展的趋势与主流,本项目提出把"生态文明"的理念合理应用于流域治理当中,通过对我国现有流域治理模式与路径进行调查研究,分析其存在的问题,进而以生态文明、环境友好、可持续发展作为流域治理的价值取向,确定流域最佳的治理模式、治理路径以及政策取向。

(2) 丰富基于生态文明的流域治理的理论体系

目前国内外流域治理的研究主要侧重于流域土壤侵蚀、流域水文与水资源、流域生态等几方面。本项目在大量的文献研究的基础上,将外部性理论、生态经济学理论、可持续发展理论、博弈论、福利经济学理论、合作竞争理论和政府管制理论等应用于流域治理中,以丰富和完善基于生态文明的流域治理的理论体系,为流域治理中实现生态效益和经济效益双重目标提供理论保障。

(3) 寻求流域生态经济一体化的最佳组合

流域既是一个生态系统又是一个经济系统,因此流域治理要兼顾生态和经济双重目标。在流域治理的过程中,寻求流域生态经济一体化的最佳组合及其可持续发展的有效途径,实现治水、环境、生态、经济增长等相融合的目标,保障流域内人与自然、人与社会以及人与人之间的和谐共处。

(4) 探寻契合淮河流域自然地理情况的流域治理模式与路径

本项目选取淮河流域为案例研究对象,立足于淮河流域的治理实践,总结分析治淮60年以来的辉煌成就以及尚需解决的问题,进而将基于生态文明的流域治理的相关理论应用于淮河流域的治理实践中,为淮河流域治理提供理论指导,探寻一种契合淮河流域自然地理情况的流域治理模式与路径。

1.2.2 研究意义

(1) 基于生态文明的流域治理是经济社会可持续发展的基本要求

流域是人类社会和生态系统共享的宝贵财富,它作为一种生态体系,富含经济社会发展所需要的水资源、生物资源、电力资源等众多资源。然而流域生态环境的恶化导致流域资源逐渐流失,流域经济社会发展失去了资源保障。本项目通过研究分析基于生态文明的流域治理的相关理论和国外流域治理的经验,立足于我国流域治理开发的具体情况,从经济、社会、生态、人与自然和谐等多角度出发,将生态文明建设与流域治理相结合,寻求一种可以保障流域生态与经济可持续发展的治理模式,符合科学发展观的基本要求。

(2) 基于生态文明的流域治理是坚持以人为本理念的要求

随着经济社会的发展,人们的生活水平不断提高,对生态环境的要求不断提高,环保意识不断增强,期盼"人水和谐、环境友好"的呼声也越来越高。流域生态系统中蕴藏着人们赖以生存的各种资源,其中最重要的就是水资源。但是目前我国各流域水污染严重,生活饮用水的质量得不到保障,危及人民群众的生命健康安全。因此,将生态文明融入我国流域治理当中,符合最广大人民群众的利益需求,是坚持以人为本理念的体现,对构建和谐社会具有重要意义。

(3) 基于生态文明的流域治理是顺应国内外流域治理趋势的要求

纵观国内外流域治理的实践,无一不是在遵循流域生态规律的前提下,探寻流域开发治理的最佳模式。随着生态环境问题日益严重,生态文明建设得到了各国政府的高度重视,生态文明建设与流域治理结合的理念得到了各国的普遍认可,成为国内外流域治理的发展趋势。本项目顺应国际趋势,立足于我国具体国情,构建基于生态文明的流域治理模式,不仅对我国流域经济社会可持续发展有着积极的意义,而且可以为世界其他国家的流域治理提供参考与借鉴。

1.3 国内外文献综述

1.3.1 国外相关研究综述

世界各国的自然地理条件和社会经济发展状况不同,在流域治理方面的研究侧重点各不相同。本项目主要从流域土壤侵蚀、流域水文与水资源、流域生态等几方面介绍国外流域治理的理论研究。

土壤侵蚀诱发的水土流失是世界各流域面临的普遍问题,是流域治理的首要任务,有关土壤侵蚀方面的研究也引起了国内外学者的重视并取得了显著的成就。关于土壤侵蚀的标准,美国的洛厄里(Lowery)等(1995)认为土壤侵蚀的判别应与其密度、持水性、颗粒尺度、水力传导性以及植物根系深度等指标密切联系起来;美国沃肯廷(B. P. Warkentin)(1995)认为土壤质量的好坏,应取决于它在整个生态系统中所完成的各项功能,如养分循环、降水分布以及对不利影响的缓冲能力等;霍尔沃森(Halvorson)等(1997)则认为对土壤侵蚀进行评价时,应根据其具体特性及使用目标,而恰当选择不同的空间或时间尺度来进行;比利时的伯森(Poesen)(1994)对土壤颗粒组成、尺度,尤其是土表颗粒特性对侵蚀的影响做了深入的研究,认为土壤中土表层内的粗颗粒或岩粒成分(定义为粒径大于 2 mm)对土壤的各种物理性质及侵蚀过程起着重要作用,他还专门设计了小、中、大3种不同空间尺度的试验田,来探讨粗颗粒覆盖对细沟侵蚀及沟间侵蚀的影响,重点分析了相应的水文与侵蚀过程。

全球性缺水、水污染、水资源分布不均衡等问题的日益突出,要求人们不断加强水文学的定量化研究,流域水文模型就是其中发展较为迅速的研究领域。水文模型是为了模拟水文现象而建立的实体结构或数学结构。1851年,T. J. 莫万尼建立的合理化公式 $Q=Ci \times A$,是最简单的确定性模型;1932年,L. R. K. 谢尔曼提出的单位线,实质上就是把净雨输入转化为流量输出的线性的传递函数;1951年,M. A. 柯勒和 R. K. 林斯雷根据非线性多元回归的图解分析方法提出次暴雨径流深多变数水文特征合轴相关图,又称前期降雨指数模型;20世纪50年代以后,随着电子计算机技术在水文领域内的广泛应用,发展了多目标水资源工程和流域水资源综合利用规划的水资源模型、都市雨水排水排污模型等。

流域是一个生态、经济复合系统,其治理是一项复杂的系统工程,集合了自然生态、社会经济等多方面的内容。目前国外关于流域生态的理论研究,主要有流域生态经济理论、流域生态健康理论以及流域生态工程理论等。

流域生态经济理论主要包括流域生态恢复理论和生态补偿理论。流域生态恢复研究和实践历史可以追溯到19世纪30年代,其涉及的理论基础主要有流域系统理论、流域可持续发展理论、群落演替机制理论等。当前国外已经形成了较为成熟的理念及相关技术、标准和规范,例如日本在水生态系统修复及湿地保护方面所做的工作很值得我们借鉴。生态补偿方面的研究则开始于20世纪50年代,70年代以后研究视角多在应用层面,约斯特(K. Johst)、马松(M. Mason)、赫尔佐克(F. Herzog)等采用经济学分析方法从水资源管理、农业环境保护、植树造林、自然环境的保护与恢复等方面进行了积极探索。目前,最著名的生态补偿途径是基于市场方式进行的生态环境服务付费(Payment for Environmental Services,PES)。

生态系统健康是20世纪80年代后期发展起来的以研究人为活动、社会组织、自然系统及人类健康之间相互关系为主要目的的生态学研究热点。加拿大学者谢弗(D. J. Schaeffer)等认为生态系统的组织未受到损害或削弱即缺乏疾病是健康生态系统的重要标志,拉波特(D. J. Rapport)在此基础上将疾病称之为生态系统水平上的危难和综合病症。随着流域开发规模和深度的加大,流域生态健康受到极大的威胁,因此对流域生态系统做出正确评价以及保证流域生态健康越来越重要。目前,流域生态系统健康理论研究主要集中在流域生态系统健康评价方面,其中以经济合作与发展组织(OECD)和联合国环境规划署(UNEP)共同创建的"Press-State-Response"框架模型应用最为广泛。

流域生态工程源于欧洲的生态工程理论,1938年德国塞费特(Seifert)首先提出"亲河川整治"概念,他指出工程措施不仅要具有河流传统治理的各种功能,同时还需要最大程度上接近自然状况。河流生态工程的作用,就是在河流生态学基础理论的指导下,以河流生态系统的保护为目标,提高河流生态环境的可持续发展。

1.3.2 国内相关研究综述

20世纪80年代以来,我国流域治理研究在土壤侵蚀机制、抗蚀性、抗冲性、预测预报、综合措施和效益评价等方面均取得了一系列重要成果,形成了一套完整的综合措施体系。我国在流域治理过程中注重运用系统工程学理论(灰色系统理论、线性规划、多目标规划和系统动力学等)和地理信息技术(RS、GIS),根据流域自然地理、社会经济条件对流域进行结构优化,使流域治理在科学规范的基础之上进行。

流域水土动态监测方面,张帆等(1998)利用RS和GIS技术对河北省蔚县进行了水土流失动态监测与治理成效评价；赵晓丽等（1999）运用 RS 和 GIS 相结合的方法在西藏中部地区进行土壤侵蚀动态监测研究，建立了土壤侵蚀分类系统和强度分析模型；张登荣等（2001）进行了基于 RS 和 GIS 的水土流失动态监测体系研究，提出了在 GIS 支持下，利用土壤背景值和数字地形模型可实现水土流失潜在可能性分析，以及利用 GIS 空间数据处理技术可实现基于像素的地面逐点分析；李清河（2002）在 GIS 支持下，利用 DEM 提供地形特征的功能，运用水文模型进行流域径流水文分析，结合通用水土流失方程式的侵蚀泥沙模型及其沿程传递模型，建立了分布式小流域土壤侵蚀模型，用它可以计算不同时间和空间的土壤侵蚀量。

流域生态方面，陈伯让（2002）指出黄河流域自 2001 年实施水土保持生态工程以来，项目区生态环境、农业生产条件得到了明显改善，有力地促进了农村产业结构调整和区域经济的可持续发展；刘明华等（2006）在 3S 技术支持下，以小流域为评价单元初步建立了河北省秦皇岛地区生态系统健康评价的"Press-State-Response"指标体系和评价模型，并基于现代数学分析法对影响生态系统健康状态变化的因素进行了驱动力分析；张杰（2007）在辽宁省本溪满族自治县满族自治大水洞沟流域应用生态学原理，将生态工程建设与流域治理相结合，使该流域初步形成了以饲养高档水产品——虹鳟鱼为主，以中国林蛙半人工养殖、优质饲料作物及无污染水果蔬菜种植、家畜禽等饲养、高蛋白饲料加工、小水电及沼气能源建设等多种产业为辅的生态食物链工程体系，大大提高了小流域治理效益，促进了流域经济高速发展；朱雷等（2009）提出河流生态治理的理念，即"治河之道决不在于改造，而在于'还原'，然后通过国内外河流成功治理的实例介绍了流域治理的常用生态工程方法，同时提出要在治理河流的同时重视河流的管理才能实现河流的可持续性发展。

1.3.3 文献述评

在世界流域治理中,发达国家侧重于土壤侵蚀机制和水土流失预测预报方面的研究,工程施工采取机械化;发展中国家由于人口、环境、资源问题日益严重,多侧重于综合措施体系和综合效益方面的研究,工程措施采取人工方法。纵观世界各国流域治理的实践,把外部性理论、生态经济学理论、可持续发展理论、博弈论、福利经济学理论、合作竞争理论和政府管制理论应用到流域的治理中,力求实现流域生态文明、环境友好以及流域经济的可持续发展,是世界各国流域治理的趋势。根据国内外流域治理的研究现状,我国在流域治理实践中必须坚持科学发展观,创新流域治理手段和技术,统筹兼顾生态效益和经济效益,如此才能取得高效、高质的流域治理成果。

1.4 研究内容、技术路线与方法

1.4.1 研究内容

本项目在对相关理论和国际流域治理实践进行研究的前提下,分析我国流域治理现状及存在的缺陷,提出基于生态文明的流域治理模式与路径。具体的研究框架如下:

第一章,绪论。阐述项目研究的背景、目的和意义,综述国内外相关研究成果,概述研究主要内容、技术路线和研究方法。

第二章,基于生态文明的流域治理相关理论与国际经验。概述基于生态文明的流域治理相关理论基础,论述各种理论在流域治理中的运用;此外,分析国际流域治理的实践及其启示,为我国流域治理提供借鉴。

第三章,我国流域治理现状及存在的缺陷分析。基于对我国流域治理主体及其博弈关系、我国流域治理手段与制度的分析,探究我国流域治理模式与机制存在的缺陷和成因。

第四章,基于生态文明的流域治理路径与模式选择的价值取向。基于价值取向含义的分析,构建基于生态文明的流域治理价值取向的维度,概述坚持价值取向的意义所在。

第五章,基于生态文明的流域治理模式内涵与框架。通过对基于生态文明的流域治理机制特点的分析,提出分层治理与伙伴治理有机结合的基本框架,并进一步阐述该框架的意义所在。

第六章,基于生态文明的流域治理模式选择。概述流域治理模式以及国内外主要流域现行治理模式,论述流域治理最佳模式的必备条件,在此基础上提出流域治理的综合治理模式。

第七章,基于生态文明的流域治理路径选择。概述基于生态文明流域治理的总体思路,包括总体要求和基本原则,在此基础上提出基于生态文明的流域治理路径选择。

第八章,案例分析:基于水生态足迹的淮河流域发展模式。基于前文的理论研究和实证分析,以淮河流域为例,从水资源生态足迹的角度,提出相应的流域发展模式。

第九章,基于生态文明的流域治理政策选择。在前文研究的基础上,从经济手段、公众参与、创新规划和完善立法等角度,提出基于生态文明流域治理的政策建议和对策措施。

1.4.2 技术路线

项目研究的简要技术路线见图1-1。

1.4.3 研究方法

在研究方法选取上,本项目研究坚持定性分析与定量分析相结合、宏观分析与微观分析相结合、基础研究与基础应用相结合、规范分析与实证分析相结合的原则,从而使研究成果更具科学性、决策性、普遍性和系统性。具体而言,本项目研究主要运用统计分析法、典型分析法、图形描述法等分析工具。

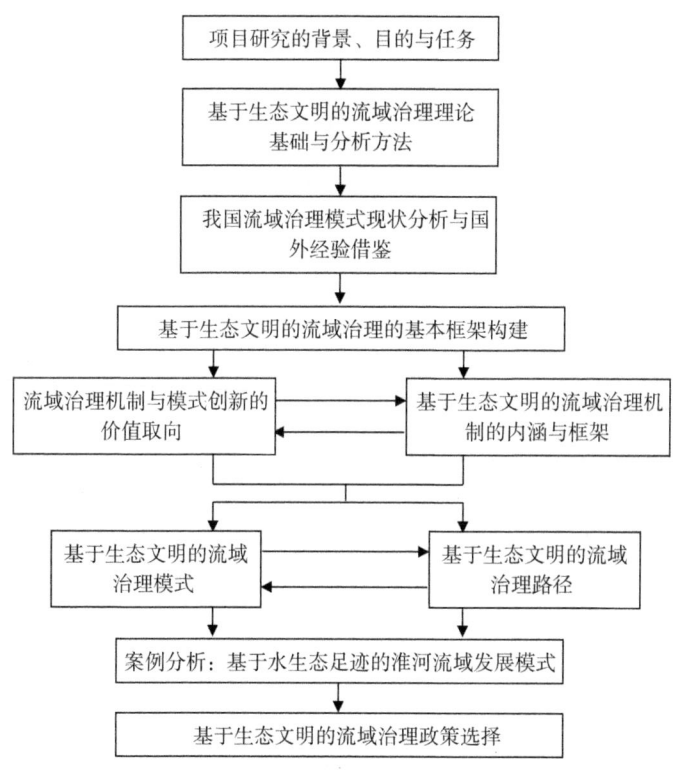

图 1-1 研究的简要技术路线

第二章 基于生态文明的流域治理相关理论与国际经验

2.1 相关理论基础

与本项目研究相关的理论主要有外部性理论、生态经济学理论、可持续发展理论、博弈论、福利经济学理论、合作竞争理论和政府管制理论等。外部性理论与博弈论为解决流域管理部门管理制度的问题提供了理论指导,生态经济学理论与福利经济学理论为流域管理部门制定管理目标提出了方向,而可持续发展理论、合作竞争理论、政府管制理论则为流域管理提供了管理原则与指导思想。

2.1.1 外部性理论

(1) 外部性理论的定义

外部性亦称外部成本、外部效应或溢出效应。外部性可以分为正外部性(或称外部经济、正外部经济效应)和负外部性(或称外部不经济、负外部经济效应)。

对于外部性,不同的经济学家给出了不同的定义,归纳起来大概有两类定义:一类是从外部性的产生主体角度来定义;另一类是从外部性的接受主体来定义。

前者如萨缪尔森和诺德豪斯的定义:"外部性是指那些生产或消费对其他团体强征了不可补偿的成本或给予了无需补偿的收益的情形。"后者如兰德尔的定义:外部性是用来表示"当一个行动的某些效益或成本不在决策者的考虑范围内的时候所产生的一些低效率现象,也就是某些效益被给予,或某些成本被强加给没有参加这一决策的人。"

用数学语言来表述,所谓外部效应就是某经济主体的福利函数的自变量中包含了他人的行为,而该经济主体又没有向他人提供报酬或索取补偿。针对外部性,布坎南以函数形式对其进行了定义,公式如下所示:

$$F_j = F_j(X_{1j}, X_{2j}, \cdots, X_{nj}, X_{mk}) \quad (2-1)$$

式中:$X_i(i=1,2,\cdots,n,m)$表示经济活动,j和k表示不同的人。

由公式(2-1)可以看出,j的收益不仅仅受到自身所控制的经济活动的影响,同时也会受到其他个人k所控制的经济活动X_{mk}的影响。当$X_{mk}>0$时,j会因为k的经济活动而获得经济利益,这也就称为正外部性;当$X_{mk}<0$时,j会因为k的经济活动而损失经济利益,这也就称为负外部性。

(2) 外部性理论的发展

许多经济学家对外部性理论的发展作出了重要贡献,其中马歇尔、庇古和科斯对外部性理论发展的贡献可以提到里程碑意义的高度。

① 马歇尔的"外部经济理论"。马歇尔在1890年发表的《经济学原理》中提出"外部经济"概念。在马歇尔看来,除了以往人们多次提出过的土地、劳动和资本这三种生产要素外,还有一种要素,这种要素就是"工业组织"。工业组织的内容相当丰富,包括分工、机器的改良、有关产业的相对集中、大规模生产以及企业管理。马歇尔用"内部经济"和"外部经济"这一对概念,来说明第四类生产要素的变化如何能导致产量的增加。

所谓内部经济,是指由企业内部的各种因素所导致的生产费用的节约,这些影响因素包括劳动者的工作热情、工作技能的提高、内部分工协作的完善、先进设备的采用、管理水平的提高和管理费用的减少等等。所谓外部经济,是指由企业外部的各种因素所导致的生产费用的减少,这些影响因素包括企业距离原材料供应地和产品销售市场远近、市场容量的大小、运输通信的便利程度、其他相关企业的发展水平等等。实际上,马歇尔把企业内分工带来的效率提高称作内部经济,这就是在微观经济学中所讲的规模经济,即随着产量的扩大,长期平均成本降低;而把企业间分工导致的效率提高称作外部经济,这就是在"温州模式"中普遍存在的块状经济的源泉。

② 庇古的"庇古税"理论。庇古是马歇尔的嫡传弟子,于1912年发表了《财富与福利》一书,后经修改充实,于1920年将其易名为《福利经济学》出版。庇古因而被称为"福利经济学之父"。

庇古首次用现代经济学的方法从福利经济学的角度系统地研究了外部性问题,在马歇尔提出的"外部经济"概念基础上扩充了"外部不经济"的概念和内容,将外部性问题的研究从外部因素对企业的影响效果转向企业或居民对其他企业或居民的影响效果。

庇古通过分析边际私人净产值与边际社会净产值的背离来阐释外部性。根据庇古的论述,外部性实际上就是边际私人成本与边际社会成本、边际私人收益与边际社会收益的不一致。对边际私人成本小于边际社会成本的部门实施征税,即存在外部不经济效应时,向企业征税;对边际私人收益小于边际社会收益的部门给予奖励和津贴,即存在外部经济效应时,给企业以补贴。庇古认为,通过这种征税和补贴,就可以实现外部效应的内部化。这种政策建议后来被称为"庇古税"。

③ 科斯的"科斯定理"。科斯是新制度经济学的奠基人,因发现和澄清了交易费用和财产权对经济的制度结构和运行的意义而荣获1991年度的诺贝尔经济学奖。

科斯定理:如果交易费用为零,无论权利如何界定,都可以通过市场交易和自愿协商达到资源的最优配置;如果交易费用不为零,制度安排与选择是重要的。这就是说,解决外部性问题可能可以用市场交易形式即自愿协商替代庇古税手段。从某种程度上讲,科斯定理是在批判庇古理论的过程中形成的,进一步巩固了经济自由主义的根基,进一步强化了"市场是美好的"这一经济理念。

(3) 外部性理论在流域治理中的运用

诺斯指出,制度变迁的诱致因素在于经济主体期望获得最大的潜在利润,在已有制度安排中无法获得的潜在利润称为"外部利润"。正是"外部利润"的存在,促使经济主体为追求更高的利益而对其管理制度进行改进与创新,也可以说外部利润指引着制度的改革方向。

外部性理论适用于社会活动中的很多方面,同样也适用于流域管理体制的建设,为解决流域管理外部性问题提供了解决思路与办法。对于流域管理而言,如果流域管理制度设计良好,运行顺利,就能够将外部性内部化,从而促进流域区域经济的健康发展。反之,如果制度设置缺乏科学性、合理性,就会导致对流域区域生态文明的破坏,并将阻碍流域区域经济的发展。

2.1.2 博弈论

(1) 博弈的定义

博弈论又被称为对策论(Game Theory),既是现代数学的一个新分支,也是运筹学的一个重要学科,是研究具有斗争或竞争性质现象的数学理论和方法。博弈论已经成为经济学的标准分析工具之一,在生物学、经济学、国际关系、计算机科学、政治学、军事战略和其他很多学科都有广泛的应用。

博弈是指某个人或组织,面对一定的环境条件,在一定的规则约束下,依靠所掌握的信息,选择某种行为或策略并加以实施,从中取得相应结果或收益的过程。在市场经济中的经济行为都是博弈的过程,在这个过程中参与者个人获利的多寡不仅依赖于自己的选择,而且依赖于他人的选择。

(2) 博弈的类型

合作博弈和非合作博弈。非合作博弈主要研究策略选择问题。在现实生活中,非合作博弈广泛存在于市场经济中,其参与者利用一切可能的机会追求个人利益的最大化。合作博弈主要研究利益分配问题,实现各方合作的前提是合作必须符合所有参与者的利益需求。

静态博弈和动态博弈。静态博弈指参与者同时采取行动,或者尽管有先后顺序,但后行动者不知道先行动者的策略。动态博弈指双方的行动有先后顺序并且后行动者可以知道先行动者的策略。

完全信息博弈和不完全信息博弈。完全信息博弈是指每一名参与者都拥有所有其他参与者的特征、策略及得益函数等方面的准确信息的博弈。不完全信息博弈则是参与人并不完全清楚有关博弈的一些信息的博弈,如大多数的纸牌游戏。

(3) 博弈论在流域治理中的运用

流域资源在利用的过程中存在大量的外部不经济性,博弈广泛存在于政府与环境保护主管部门之间、环境保护部门与政府各部门之间、政府与企业之间、企业与公众之间以及政府与公众之间。政府与企业之间的关系是典型的不完全信息环境下的非合作博弈。政府与企业在不充分了解各方的策略空间与策略组合的前提下,在利益相互影响的局势之下做出决策,利用一切可能的机会最大限度地获取自身利益。政府只有在符合各方利益需求的前提下制定并实施相应命令手段或经济手段,才有可能实现企业的合作,即公布真实的排污信息、加强污染物治理以及减少污染物的排放。因此可以应用博弈论来研究生态文明视角下的流域治理模式。

2.1.3 生态经济学

(1) 生态经济学的定义

生态学(Ecology)源于希腊文 Oikos,含家庭、住所之意,是德国生物学家海克尔(E. Haeckel)于1866年在《有机体普通形态学》书中提出来的。随着社会发展和科技进步,许多综合性问题亟待开拓研究,使生态学与许多相关学科形成多重交叉和层次综合,其中最重要的就是生态经济学。

生态经济学是20世纪60年代产生的由生态学和经济学相互交叉而形成的一门边缘学科,它是从经济学角度研究生态经济复合系统的结构、功能及其演绎规律的一门学科,为研究生态环境和土地利用等经济问题提供了有力的工具。

(2)生态经济学的研究内容

生态经济学的研究内容除了经济发展与环境保护之间的关系外,还有环境污染、生态退化、资源浪费的产生原因和控制方法,环境治理的经济评价,经济活动的环境效应等等。另外,它还以人类经济活动为中心,研究生态系统和经济系统相互作用而形成的复合系统及其矛盾运动过程中发生的种种问题,从而揭示生态经济运动和发展的规律,寻求人类经济发展和自然生态发展相互适应、保持平衡的对策和途径。更重要的是,生态经济学的研究结果还应当成为解决环境资源问题、制定正确的发展战略和经济政策的科学依据。总之,生态经济学研究与传统经济学研究的不同之处就在于,前者将生态和经济作为一个不可分割的有机整体,改变了传统经济学的研究思路,促进了社会经济发展新观念的产生。

在传统经济学理论中,国民生产总值和国内生产总值都没有设立环境指标和资源指标,不能反映一个国家的环境资源状况对经济发展的影响程度。美国学者巴克莱和赛克勒在经过研究后,提出了能够反映经济发展与环境质量关系的方程式,如下:

$$NSW = NNP + (B - GC) - AL \qquad (2-2)$$

式中:NSW=净社会福利;NNP=净国民生产增值;B=未被认识的经济发展的非市场性有利条件(如知识的积累、保健的改善等);GC=为经济发展(包括信息、管理等)、减少污染所付出的劳力和费用;AL=环境恩惠损失(如噪声增加、烟雾增多、风景区的商业化改变等)。

(3) 生态经济学理论在流域治理中的运用

随着生态环境破坏问题的日益严重,从个人到集体,从学术到社会管理,都开始关注生态经济学。而对于有着丰富经济资源与生态资源的流域来说,构建科学的生态经济系统更显得尤为重要。流域生态经济系统由流域生态系统和流域经济系统组成,流域生态系统包括人口、资源、环境等基本要素,流域经济系统包括资金、物资、科学技术等基本要素,两个系统通过投入产出的渠道,经过科学有效的整合,形成了流域生态经济体系。

流域生态经济体系强调资源的有效使用与生态环境保护在流域经济活动中的重要性。在过去的流域经济活动中,人们没有意识到大自然的生态规律,在违背自然规律的情况下盲目地对流域进行开发,过度使用流域资源,导致了流域周边生态环境破坏、水土流失、水体污染等一系列生态问题。因此,生态良好、环境友好的流域治理模式应该将流域生态系统考虑到流域经济系统之中,将二者科学合理地连接到一起,在充分考虑到生态环境保护的基础上创造经济价值。总体来说,流域管理者应保证在保护流域区域经济增长的同时,维护好流域生态环境,力求流域内自然、社会、经济和谐稳定的发展。

2.1.4 福利经济学

(1) 福利经济学的定义

福利经济学(Welfare Economics)是研究社会经济福利的一种经济学理论体系。它是由英国经济学家霍布森和庇古于20世纪20年代创立的。庇古在其代表作《福利经济学》《产业变动论》《财政学研究》中提出了"经济福利"的概念,主张国民收入均等化,且建立了效用基数论等。

（2）福利经济学在流域治理中的运用

流域不仅是一种富含水资源的生态体系，其所在的自然区域还是人类经济、文化等一切活动的重要社会场所。它具有供给功能、调节功能、文化功能与支持功能。流域系统是人类生存和发展的物质基础和基本条件，既为人类提供实物性的生态产品，还以其丰富的生物多样性向人类提供更多类型的非实物型生态服务，这些生态产品和服务给人类带来了巨大的福利。

长期以来，福利问题一直是经济学研究的一个重要领域，它是指收入、财富给人们带来的效用，或者说是指人类的需要得到满足的程度。福利不仅包括经济福利还有非经济福利，如平等观念、自我实现的需要、生产与生活环境的美化等。随着社会的发展，人类的经济水平在不断提高，但是在发展过程中，由于流域水资源浪费及污染严重、沙漠化加剧、水土流失加重，这在一定程度上导致了人类总体福利的下降。科学的流域治理模式是要在经济福利和非经济福利中寻找一种平衡，追求人类总体福利的增进。

建立起基于生态文明的流域治理模式会引起人类福利的增加，包括：流域的供给功能发生了变化，流域系统向人类提供的粮食、洁净水、燃料等产品增加，则人类的经济福利就会增加，健康、安全方面的福利也会发生相应的变化；调节功能中，河流流域对气候、水分等的调节，会影响人类的安全、健康等方面的福利；文化功能的变化则主要通过丰富人们的精神生活、消遣娱乐及美学欣赏等方式影响人类文化方面的福利；支持功能作为支撑生态系统生产、调节、文化服务功能的基础，也通过这些功能间接地影响着人类福利的变化。

2.1.5 可持续发展理论

（1）可持续发展的内涵

1987年，以布伦特兰夫人为首的世界环境与发展委员会（WCED）在报告《我们共同的未来》中正式使用了可持续发展概念,并对之做出了比较系统的阐述,产生了广泛的影响。该报告中,可持续发展被定义为"能满足当代人的需要,又不对后代人满足其需要的能力构成危害的发展"。可持续发展内涵主要包括如下几个方面:首先,可持续发展以"发展"为主要目的,发展不是单纯的经济增长,发展是综合社会、教育、经济、科技、环境等众多方面共同进步的表现,不同国家、不同地区、不同种族在发展方面都享有同样的权利;其次,人类的经济和社会等各方面的发展不能超越资源和环境的承载能力;再次,在发展的过程中必须保证公平,在保障自身利益得到满足的同时,应努力做到不损害、不迫害同一代人中其他人的利益,并保障后代人享有与自身同样的发展机会;最后,发展中必须保证人与自然和谐相处,要科学合理地利用自然,学会尊重自然、保护自然,与自然和谐共生。

(2) 可持续发展理论在流域治理中的运用

在流域治理中要坚持可持续发展的流域治理观,所谓可持续发展的流域治理观就是将生态、经济与社会因素结合为一体,多角度地考虑到社会、经济与生态三方面的综合效益,从而对流域实施管理的方法。由于流域是一个生态经济复合系统,这就决定了它不仅具有一定的自然属性,而且具有一定的社会属性。因此在治理实践中要把流域作为一个完整的生态经济系统进行考虑,流域管理机构应把社会对流域资源的需求以及流域开发对生态环境的影响联系起来,坚持可持续发展"公平性、和谐性、可持续性"三大基本原则,以"可承受流域资源开发使用"为指导思想进行管理,保障流域资源的永续利用。从大局出发,坚持可持续发展的管理模式有利于解决社会发展、经济增长与环境保护之间的矛盾,保障流域区域内自然、经济、社会和谐稳定的发展。

2.1.6 合作竞争理论

(1) 合作竞争理论概述

合作竞争理论是20世纪90年代开始兴起的一种管理理论,

它源于对竞争对抗性本身固有缺点的认识和适应当今复杂外部环境的需要。该理论的代表人物是耶鲁大学管理学教授拜瑞·内勒巴夫(Barry J. Nalebuff)和哈佛大学企业管理学教授亚当·布兰登勃格(Adam M. Brandenburger)。该理论认为,完全损人利己的竞争时代已经结束,长期势均力敌的争斗结果只能使自己财力枯竭,难以应对下一轮的竞争和创新,因此要进行合作。当然合作不是消除竞争,合作的目的是竞争。合作竞争是一种高层次的竞争,并不是意味着消灭竞争,它只是从行为主体自身发展的角度和社会资源优化配置的角度出发,促使主体间的关系发生新的调整,从单纯的对抗竞争走向一定程度的合作。

对于合作竞争成功的基本条件,已有很多学者进行了专项研究并提出了合作竞争成功的三大要素,即贡献(Impact)、亲密(Intimacy)和远景(Vision)。其中贡献是指建立合作竞争关系后能够创造的具体有效的成果,即能够增加的实际生产力和价值,贡献主要来源于三个方面:一是减少重复与浪费;二是借助彼此的核心能力,并从中受益;三是创造新机会。亲密是指成功的合作竞争关系超越了一般的交易伙伴,具有一定的亲密程度,这种亲密体现在行为主体之间相互信任、信息共享并建立有效的合作团队。远景是建立合作竞争关系导向系统,它描绘了合作主体所要共同达到的目标和达到目标的方法,激发主体成员的工作热情和创造性,成为建立合作竞争关系企业的活力源泉。

(2)合作竞争理论在流域治理中的运用

从流域治理的角度来看,当流域出现资源消耗过度、生态环境恶化时,相关部门就会寻求一种协议以限制资源的消耗,合作收益是流域区际合作的根本动力。从交易费用的角度看,流域区际合作的优势在于合作能够有效增加收益,节约交易成本。而合作的成本主要包括经济合作中克服地方政府"寻租"行为的合作环境与制度建立成本及制度运行成本。当然,流域治理各主体间要建立成功的合作竞争关系,还要理性地选择合作伙伴,考察合作伙伴的资源优势、创造贡献的潜能、合作伙伴的长期战略、企业文化、价值观等,从而对合作伙伴进行有效的管理,实现合作双方的共同利益。

2.1.7 政府管制理论

(1) 政府管制理论概述

政府管制又称为政府规制(Governmental Regulation),是指政府为达到一定的目的,凭借其法定的权力对社会经济主体的经济活动所施加的某种限制和约束,其宗旨是为市场运行及企业行为建立相应的规则,以弥补市场失灵,确保微观经济的有序运行,实现社会福利的最大化。管制经济学最早是由美国著名的经济学家斯蒂格勒开创的。20世纪70年代以来,政府管制理论取得了迅速发展,特别是自然垄断问题逐渐成为政府管制理论研究的中心问题。除此之外,外部性、信息不对称性,以及与此相关的委托代理问题也相继进入政府管制经济学的研究视野,并成为政府管制理论研究的重要内容,许多新的管制理论相继产生。

根据管制对象和实施手段的不同,政府管制可分为经济性管制与社会性管制。

经济性管制是针对特定行业的管制,即对某些产业的结构及其经济绩效的主要方面的直接的政府规定,比如进入控制、价格决定、服务条件及质量的规定,以及在合理条件下服务所有客户时应尽义务的规定。早期的政府管制理论主要是经济性管制,集中考察对某些特殊产业,主要是公用事业(如电力、自来水和管道运输业、交通运输业、通讯业和金融业等)的价格和进入的控制上。对这些产业的管制一般与两个因素有关:一是自然垄断;二是信息不对称。由于很大一部分行业的管制与自然垄断有关,因此,人们一般将经济性管制看作是对自然垄断行业的管制。

社会性管制是基于对生产者和消费者健康和安全的考虑,制定一些规章制度对涉及环境保护、产品质量和生产安全等方面所实行的管制,以纠正经济活动所引发的各种副作用和外部影响。社会性管制产生的经济学根据是环境资产等的外部性和安全保证中的信息不对称性。根据科斯定理,若将有关环境的权利明晰化,通过当事者之间的交涉就可以实现最有效率的环境保护和利用。但如果当事人的交易成本过高,这种市场交易方式就不是一种有效率的解决办法。于是,政府管制就成为更有效率的选择。此外,现实中的信息是不完全的,在交易当事者之间存在信息的不对称性,正是由于存在这种信息的不完全性,使与安全相关的社会性管制成为必要。

（2）政府管制理论在流域治理中的运用

虽然市场机制在优化资源配置和经济活动的过程中起着基础性的作用,但这并不意味着市场就是万能的,如市场并不能自动形成生态环境保护与区域经济发展的平衡。从国际流域治理的成功经验中,我们可以看到各国政府都以不同的形式在流域开发中加强政府的干预作用,其目的在于通过"有形的手"来纠正"无形的手"在资源配置过程中所产生的外部不经济和区域生态经济失衡。

水资源作为发展国民经济不可缺少的重要自然资源,成为具有政治和经济意义的战略性资源,是国家综合国力的组成部分之一,具有经济性、伦理性和自然垄断性。水资源的自然属性与社会属性决定了水资源利用特别是水污染防治、流域治理等问题具有较强的外部性,是政府管制的重点领域之一。流域治理需要以政府部门为主导,对其进行干预、引导,政府在依法治水、管水、科学制定流域规划和保护生态环境等方面起着不可替代的作用。

2.2 国外流域治理的实践

2.2.1 国外流域治理现状

目前,世界主要发达国家在流域治理方面积累了丰富的经验，本研究选取了美国、日本、澳大利亚、欧洲等国家和地区，介绍其流域治理现状。

美国流域治理起源于水土保持运动，1933年成立了田纳西河流域管理局，流域治理的特点在于把流域治理工作与土地利用和经营紧密结合。美国地势平坦，丘陵山地不高，大部分流域没有完全发育的沟道，流域土壤侵蚀严重，因此流域治理的重点在于耕作措施的改进，主要采取利于水土保持的耕作方式，如等高耕作、等高缓冲带状耕作、草粮带状种植以及梯田等。美国的自然地理条件决定了其流域治理研究主要集中于土壤侵蚀机制方面的研究。1935年，创建了土壤保持局，使土壤侵蚀方面的研究系统化。1956年提出了著名的"通用土壤流失方程式"（USLE）。20世纪60年代又根据多年土壤侵蚀观测和研究资料，采用现代技术建立起侵蚀的数学模型，主要是水蚀的数学模型。20世纪80年代，又建立了土壤侵蚀与生产力关系的计算模型（EPIC），该模型可以模拟土壤侵蚀与生产力关系、植物的生长及有关过程，从而决定最佳的田间管理策略。20世纪90年代以后美国推出新一代土壤侵蚀预测预报的计算机模型（WEPP），该模型可以预测土壤侵蚀以及农田、林地、牧场、山地、建筑工地和城区等不同区域的产沙和输沙状况。WEPP可对沟蚀和沟间侵蚀及泥沙运动机理进行物理性描述，是一个基于侵蚀过程的机理模型。

日本是一个多山的国家，降雨量多而集中，且土壤中含有过量的火山灰，故水力侵蚀十分严重，几乎所有的山区都存在水土流失和泥石流灾害。日本自1868年以后开始重视山区荒废流域治理，在"治水在于治山"的传统思想的指导下，于1928年创立了具有日本特色的砂防工程学。目前，日本在流域治理研究方面着重于径流形成机制及滑坡、山崩和泥石流的勘测、预报和防御措施，流域治理以工程措施为主，上游修筑谷坊，下游修筑堤坝。

澳大利亚380万km^2可利用的农牧地区中有1/2为水土流失区，该国在流域治理中突出的特点是按小流域或地区编制土壤保护计划,强调治理与经营管理措施相结合,以达到土地理想生产率为目标。

欧洲文艺复兴以后,围绕因滥伐山地森林而引起的山地荒废,阿尔卑斯山区各国(奥地利和瑞士等)采取了以恢复森林为目标的山区荒溪流域治理。奥地利于 1884 年制定了世界上第一部流域治理的综合法律——《荒溪治理法》,总结了一套完整的防治山洪和泥石流的森林工程措施体系。法国、意大利、瑞士、德国等国,吸取了奥地利的经验,自 19 世纪以来,也大力开展了荒溪治理工作。欧洲于 1950 年成立了欧洲小流域工作组,作为欧洲林业委员会的下属机构,进行流域管理工作。近年来,由于山区农业的发展,山区人口增多,对水资源的需求增加,土地退化、山洪及泥石流灾害日益加剧,人们开始重视以流域为单元,采取综合治理措施。

2.2.2 国外流域治理的案例分析

(1)美国田纳西河流域治理

① 水资源综合开发-梯级开发。田纳西河流域水资源综合开发主要是通过修建水坝进行梯级开发,其开发与治理的内在机制如图 2-1 所示。

从防洪入手,综合开发利用水资源。田纳西河流域的开发与治理从防洪入手,首先以田纳西河干流为重点,在干支流上共建有 71 座水坝,其中具有防洪库容的共 35 座,有效库容量总计达 148 亿 m^3,洪水灾害减少,促进了农林牧渔业发展。

改善航运条件,加强与外界经济联系。为了改善航运条件,在干流主航道的 9 座大坝旁配套修筑了船闸,并通过大坝控制河流水位,同时疏通了河道。从而使得田纳西河诺克斯维尔以下全程常年通航,并通过俄亥俄河及密西西比与美国 21 个州的内陆水运系统相连接。通畅航运环境,不仅加强了对外联系,而且增加了就业机会,为经济发展提供了保障。

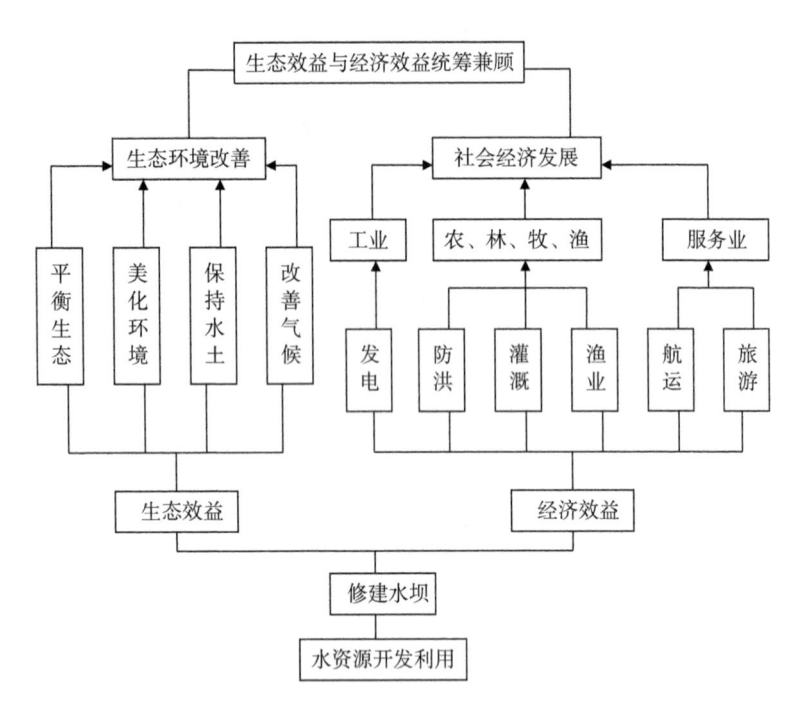

图 2-1 田纳西河流域综合开发与治理的内在机制

以水电开发为中心,大力发展高耗能工业。田纳西河流域开发的三个主要目标包括:防洪、航运、发电。因此,在兴建的一系列水坝工程上,与水坝建设配套修筑了水电站与电力输送系统,以便向流域各地区大量输送电力。在此基础上,利用储量丰富的煤炭资源和方便而稳定的水源,就近修建大型火电站和核电站,构成了"水火核"互济的高容量电力系统,有效地促进了沿河两岸炼铝工业、原子能工业、化学工业等高耗能工业部门的发展,形成了一条"工业走廊"。

围绕流域土地资源的改善与开发,因地制宜,全面发展农、林、牧、渔各业。在农业方面,结合流域化肥工业的大力发展,提高土壤肥力;依靠充足的电力供给改善农业生产条件。洪水灾害的减少和气候条件的改善,使田纳西河流域农业迅速发展。在林业和水土保持方面,实施了一系列森林管理与防治山火措施,使森林覆盖率有了很大提高,有效地控制了水土流失。在渔业方面,水库的兴建为渔业的发展奠定了基础,目前,田纳西河流域的捕鱼量达每年一万吨以上。

结合水库建设,提高环境质量,促进旅游业发展。旅游业是随着水库建设、流域环境的不断改善逐步发展起来的。为了发展旅游业,田纳西河流域管理局(TVA)在兴建水坝、水库、造林、养鱼、水土保持,建设航运网的基础上,在山区建立了 110 个公园、24 个野生动物管理区;在水库沿岸建立了 310 个风景区、110 个宿营地和俱乐部;在肯塔基和巴克利两水库间的一块长 65 km、宽 13 km 的"湖间地"上建立了一个规模宏大的教育中心。现在的田纳西河流域已成为一个拥有公园、游艇、水上旅馆、浴场、避暑别墅的庞大优美风景区,旅游业已成为流域一项重要的收入来源。

重视科学技术和普及教育事业,保证规划的顺利实施。TVA 拥有一支专门的科技队伍,有中、高级研究人员 1 000 多名,每年科研经费 2 000 万美元以上,用于水资源开发研究、电力工程建设研究、高效化肥研究、快中子增殖反应堆研究等。

② 水资源统一管理。田纳西河流域水资源管理最大的特色是立法管理。为了对田纳西河流域内的自然资源进行全面的综合开发和管理,1933 年美国国会通过了《田纳西河流域管理局法》,成立田纳西河流域管理局(TVA)。设立专门的开发管理机构是流域治理与开发长期顺利稳定进行的保障。

为了促进地方参与流域管理,根据《田纳西河流域管理局法》和《联邦咨询委员会法》,成立了"地区资源管理理事会",结合流域治理向 TVA 提供咨询性意见,对 TVA 的行政决策起到了重要的参考和补充作用,有利于改进管理,也符合现代流域管理公众参与和协商的发展趋势。

(2) 澳大利亚墨累—达令河流域治理

① 雪河—墨累河跨流域调水工程。墨累河上游以东的雪河

流域位于澳大利亚东南部大分水岭的东侧，年降水量 500～3 810 mm，其源流大部分来自高山区域的积雪，年平均径流深 580 mm，高原山顶高达 3 700 mm。雪山调水工程从 1949 年 10 月开始，到 1974 年全部工程基本完成，工期 25 年，投资约 8 亿美元。雪山调水工程包括两大调水系统：北部的雪河—蒂默特河（马兰比吉河支流）调水工程和南部的雪河—墨累河调水工程。这两项调水工程通过水库和隧洞连成一体，成为统一的调水系统，包括：16 座坝（有效库容 70 亿 m^3）、80 km 输水管道、145 km 输水隧洞、7 座水电站（总装机容量 374 万 kW）、2 座扬水站（扬程分别为 232 m 和 155 m）、几百公里输电线路等，工程覆盖范围约 3 200 km^2。

雪山调水工程的两大效益是灌溉和发电。该工程调水量为 23.6 亿 m^3，其中调入马兰比吉河 13.7 亿 m^3，调入墨累河 9.9 亿 m^3，年发电量约 50 亿 kW·h。根据联邦政府和新南威尔士州、维多利亚州达成的协议，雪山调水工程由雪山工程管理局负责运行管理。

② 流域水源保护。在控制水质污染方面主要采取监测与治理相结合的方法。第一，建立水质监测站。墨累河流域管理局在流域的干、支流上，建立了 58 个水质监测站。水质监测数据和水文测验数据都传送至流域统一管理系统的数据库中，作为水质预测和进一步采取治理措施的依据。第二，降低含盐度。含盐度高是墨累河最主要的水质问题，已采取的治理方法：一是将盐分高的地下水抽至地面，与灌溉后盐分高的尾水一起送入荒漠中的蒸发塘，该方法收效良好，1982—1983 年旱季，引入蒸发塘的盐达 20 万 t，相当于当年上游排入河道盐量的 40%；二是放水稀释，如发现某河段水体含盐量过高，就由附近水库放水加以稀释；第三，在河口建挡潮闸，防止枯水季节海水入侵污染地下含水层。

③ 流域管理。墨累—达令河流域由于地理和行政区域跨度大，各州间水资源利用的相关性导致水问题存在交互性，因此，管理过程中需要十分突出流域各州间的协调配合，强调流域尺度的

整体管理。

在流域整体管理的框架下,州际的流域管理协议是流域尺度水资源管理的重要制度保障和法律支撑,也是墨累—达令河流域管理法律体系的一项特色。

流域尺度管理是墨累—达令河流域管理的基本指导思想。基于流域尺度管理的指导思想,澳大利亚建立起了三层管理组织框架,主要包括墨累—达令河流域部长理事会(MDBMC)、墨累—达令河流域委员会(MDBC)和公众咨询委员会(CAC),三层之间协调配合,达到流域管理的最优化,从而实现流域整体管理的目标。详见图2-2。

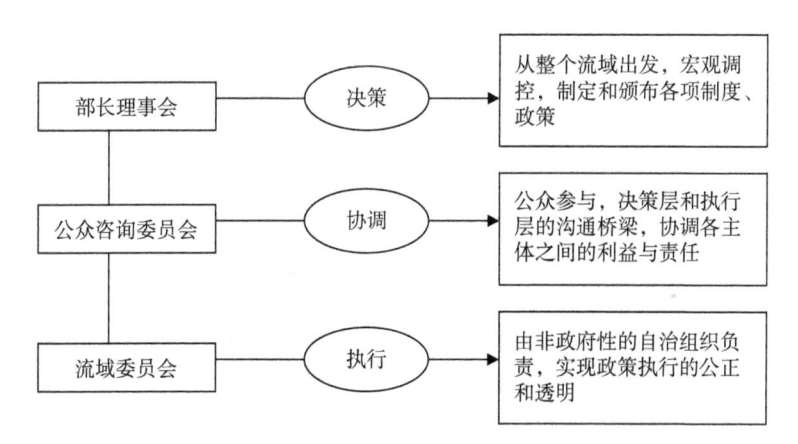

图 2-2　墨累—达令河流域三层管理组织框架

在科学的管理组织框架下,如何运用行之有效的手段,使流域整体管理思路得到落实是实际管理中的关键问题。墨累—达令河流域实行市场化的管理手段,其市场化的管理手段建立在国家水市场基础之上。市场化管理的目标是实现总量控制以确保水资源的有效和可持续利用,其总量控制措施主要包括:"分水封顶"原则和水权交易制度。"分水封顶"和水权交易等手段,使各流域管理主体更注重水资源的使用成本和价值,有利于实现流域水资源的合理配置。

2.3 国外流域治理的启示

国外流域治理的成功做法对我国流域治理富有启示,可为我国流域治理提供借鉴。

(1) 建立健全法律体系

流域治理的法律体系包括:流域治理的专门法规和其他法规中有关流域治理的条款。早在20世纪50年代,美国就先后制定了《灾害救助和紧急援助法》《洪水保险法》《水资源规划法》《洪水灾害防御法》等一系列全国性法规。1964年法国颁布的《水法》将全国划分为6大流域,建立了以流域为基础的水资源管理体制。日本的流域管理法律体系则包括《水资源开发促进法》《水资源开发公团法》《水源地域对策特别措施法》《河川法》等十余部法律。世界各国的经验表明,只有将流域治理置于法制的基础上,利用法制的强制力,流域治理的各项措施才能得到切实的贯彻执行,实现流域治理的目的。

目前,我国的水法规体系基本形成,先后颁布了《水法》《水污染防治法》《防洪法》《水土保持法》《取水许可和水资源费结收管理条例》《河道管理条例》《水文监测环境和设施保护办法》等。但是与发达国家相比,我国流域治理的法律体系还不够健全,尚存在一些问题和争议,如流域立法层次存在缺位、立法缺乏协调和配合、执法不严等。因此,我们要在流域治理实践中取得成功,必须建立健全法律体系,依法治水,使管理工作既有法可依,又有法律保障。

(2) 建立强有力的流域管理机构

发达国家一般设立流域管理董事会作为决策机构,由流域内相关省级政府和其他相关行政部门负责人任委员,组成强大的流域管理机构。流域机构拥有很大的行政管理权和自主权,不仅是政府行政机构，往往还是经济实体，不但行使一般的行政管理职能，而且进行所有权管理，以独立法律身份承担民事责任。这在宏观上体现了国家的权力性和调控性，在微观上又具有适应性和灵活性，有利于流域机构自主经营和统一管理。

我国的流域管理机构包括水利部以及长江、黄河、淮河、海河、珠江、松辽6个水利委员会和太湖流域管理局。流域管理机构在运行中存在以下问题：流域机构仍是以流域规划设计和研究为主的研究型事业单位；流域机构很少有利益相关方代表，流域委员会并不采取委员制；流域机构只与上级主管部门进行信息交流，而与其他相关部门的协商合作机制不健全。

鉴于我国流域管理机构存在的问题，必须建立一个强有力的流域管理机构。流域管理机构的各部门要权责分明、各尽其职，统一管理和调度，避免因职能划分不清而出现重复劳动、相互推卸责任以及各部门为了部门利益而忽视流域整体利益。此外，流域管理机构要有较为独立的自主管理权，如独立的人事权、土地征用权和项目开发权。流域管理机构只有在具有一定实权的前提下，才能使各项治理规划与法规落到实处，才能保证工作的有效实施。

（3）流域管理与行政区域管理相结合

由于流域水资源的开发利用和管理涉及各地区、各部门的利益，必然会产生权力的交叉与分割，必须正确处理流域管理与行政区域管理的关系、流域管理机构与分管部门之间的关系，明确各自的地位、作用、职责与权限。为此，要将流域管理与行政区域管理相结合，协调处理好与地方各部门、各集团的依存关系，建立国家和地方行政相协调的管理体制。

（4）明确流域治理目标

流域治理的目标具有多样性，包括水生态、水质量、水景观、水文化、水经济、水安全等几个方面，涉及多个部门的多方面利益。在流域治理中不仅要明确治理目标，还必须明确各个目标之间的关系以及目标实现的优先顺序,避免目标之间的利益冲突,统筹兼顾各个目标。

(5) 建立健全资金保障支持体系

各国在流域开发和管理中,都在财政、金融、信贷、税收、投入等各个方面给予扶持,确保有充足、稳定的资金支持流域治理工作。

目前,我国流域治理的资金主要来源于政府财政拨款,资金来源渠道单一。随着流域生态环境不断恶化,流域治理的资金需求也越来越大,因此要拓宽资金来源渠道:政府根据流域治理规划进行财政拨款;实行"谁用水谁付费、谁污染谁治理"的政策,对于那些破坏流域生态环境的企业加以罚款,所收到的资金用于流域治理工作;设立流域治理专项基金,充分调动社会各企事业单位、个人的积极性,使其积极响应政府的号召,为流域治理做出自己的贡献。

(6) 制定科学合理的流域规划

无论在哪种流域治理模式下,编制科学合理的流域治理综合规划都是流域管理机构的核心工作。从国际流域管理规划的内容来看,传统的规划比较注重工程与项目规划,而现代的流域综合规划则更加注重目标的设定、重要领域的选择、优先区与优先行动的设定,而很少会涉及单个具体的工程项目计划。

目前,我国有些流域规划的数量偏多,综合与专项规划的划分不清晰;很多规划的时效性不足,过时后未能及时予以修订;在制定规划时缺乏各界的广泛参与,未广泛征集流域内各单位和公众的意见;实施中缺乏详细的规划实施程序,没有形成责任追究机制。

编制流域治理规划要立足整个流域,对流域开发和治理进行统一规划,在实施过程中,根据实施结果适时地进行调整和改进。

(7) 强调公众参与

我国现行的流域管理基本上以行政推动为主,利益相关方参与不足,公众参与的范围和深度都有限。尽管政府信息披露工作取得了较大进展,但公众仍然难以查阅到流域规划、环境影响评价报告等资料,公众也不能及时获取重要的项目进展与行政审批信息。没有建立流域范围的听证制度,缺少公众意愿表达渠道。

鉴于流域治理涉及社会各方面的利益,各国的流域管理机构在做出重大决策时会进行科学论证,广泛听取相关专家的意见,这有利于增强流域治理的民主化、科学性与透明度,从而实现流域的高效开发利用和可持续发展。

第三章 我国流域治理现状及存在缺陷分析

3.1 我国流域治理主体分析

流域治理主体是指流域治理的主要参与者和负责者。目前，我国流域治理以政府为主导，但是企业组织和社会组织也对流域治理具有一定影响，"政府、社会、市场"上下互动的多中心治理格局是未来我国流域治理的发展趋势。

3.1.1 政府

（1）政府作为流域治理主体的必要性

保护和改善流域生态环境是流域治理的主要目标之一。经济运行主体在生产和消费过程中可能产生的副产品——环境污染和生态破坏属于外部性成本（也称社会成本），发生在市场体系之外，根据庇古的"外部性理论"，我们称之为"负的外部性"。为了克服"负的外部性"所导致的边际私人成本和边际社会成本之间的差异，政府应当伸出"看得见的手"，实施干预，弥补市场和产权失灵的缺陷。因此，流域治理应当、也必须是政府来主导。

（2）政府作为流域治理主体的功能定位

政府在流域治理中的作用主要表现在控制功能、组织功能、投资功能和引导功能等四个层面：

第一，控制功能。水资源作为发展国民经济不可缺少的重要自然资源，是具有政治和经济意义的战略性资源，是国家综合国力的组成部分之一,具有经济性、伦理性和自然垄断性,仅靠市场机制很难优化配置水资源。政府对流域水资源的使用状况拥有监督和控制权,当企业经营者的活动对流域生态造成破坏时,政府可以使用强制性的手段对其进行惩罚,并采取相应的补救措施。因此,通过政府的控制功能可以实现社会大多数成员的利益,弥补市场调控水资源的有限能力,优化水资源在地区间的配置。

第二,组织功能。政府可以充分发挥其社会组织功能,通过组织相关活动,对流域生态环境的重要性进行宣传教育,提高社会公众的环保意识和危机意识,增强个人对社会目标的责任感,号召社会公众为流域生态环境的改善贡献自己的力量。

第三,投资功能。流域治理是一项复杂的系统性工程,耗资巨大,且周期长、见效慢,很难吸引商业资本的大规模投入。政府作为主要的投资主体,从全社会的整体、长远利益和国家生态安全角度出发,顾及经济、社会可持续发展的需求,代表全体人民的利益,投入巨额资金进行流域生态建设,改善日益恶化的流域生态环境,兼顾生态、社会和经济三大效益,保证生态环境建设所需的大量资金来源,满足广大人民和社会经济发展对生态环境的需求。

第四,引导功能。政府可以通过某种制度安排来影响水土资源的利用方式和动态配置。如利用税收、财政补贴、信贷等政策来引导企业经营者的生产经营活动,抑制负外部性的经济活动,鼓励正外部性的经济活动。

3.1.2 企业

(1) 企业作为流域治理主体的必要性

企业是市场经济的主体,以追求利润最大化为其首要目标,因此追求经济利益永远是企业的立身之本和最终归宿。同时,企业也是整个社会大系统中的一分子,是环境容量的最大消耗者和受益者。在我国流域治理进程中,企业的生产经营活动对流域生态环境产生巨大影响,因此企业理应承担起保护流域生态环境的社会责任。然而,在我国的流域治理中,政府越位、企业缺位现象严重,企业在流域治理中的主体地位没有体现出来。

鉴于企业在流域治理中的重要性,必须制定完善市场经济法律法规、市场交易规则,规范市场交易行为,克服企业存在的道德风险和逆向选择行为,阻断企业与政府官员的寻租链条。同时实施企业环境管理责任制度,使环境管理渗透到企业的计划管理、技术管理、生产管理、劳动管理、财务管理等诸项管理活动中,引导企业统筹兼顾经济利益与生态效益,走"边发展、边治理"的可持续发展道路。对破坏流域生态环境的行为实行严格的惩罚,对响应国家生态文明建设、为保护和改善流域生态环境做出重要贡献的企业采取税收减免、补贴等激励手段。

(2) 企业作为流域治理主体的功能定位

企业在流域治理的主体地位主要体现在以下两个方面:

第一,节能减排功能。我国经济持续增长是以生态环境的恶化为沉重代价的,单位产值能源消耗是日本的7倍,美国的6倍,甚至是印度的2.8倍,可见我国经济的增长是建立在高消耗、高投入的基础上的,资源供需矛盾尖锐,污染排放量大。有关专家对各种污染来源分析发现:目前自然环境所接受的污染物中80%左右来自企业,并有不断扩大的趋势。企业作为资源的消耗主体,要积极响应国家政策的号召,加大生产技术创新,改进工艺流程,降低能源消耗,减少污染物排放,这也是企业提高经济效益、增强竞争力的要求。

第二,投资主体功能。目前,我国流域治理的资金主要来源于政府财政拨款,资金来源单一,不能为流域治理提供充足的资金保障。因此,政府要发挥引导作用,采取 BOT、TOT 等融资方式,鼓励民间资本投入水环境保护项目,逐步实行专业化运行、市场化运作和企业化管理,推进经营型环保项目产业化进程。虽然政府可确定生态保护资金的投向,对生态项目实施进行监督,保证生态项目资金的专款专用,但生态保护资金的营运却不是必须由政府来操作。保护资金的运用可由地方政府委托中介组织,采取公开招标方式,进行产业化、市场化经营,放开环保基础设施产业市场准入,鼓励各种经济成分积极参与,实现环保投资主体多元化、运营主体企业化和运行管理市场化,以实现生态保护资金的保值、增值。

3.1.3 社会组织

(1) 社会组织参与流域治理的必要性

从公共利益的角度看,流域治理属于跨行政区划的公共事务,需要政府组织、企业组织和社会组织的三方互动。相对于企业组织追求利益最大化的动机,社会组织可以从纯公益的角度出发,在流域治理中发挥积极作用。单纯地由政府来实施流域治理会导致行政权力分割公共事务,行政指令代替协商互动,各地政府各自为政,忽视流域整体利益。因此,需要广大社会公众参与到流域治理中,监督和约束政府、企业的行为,形成政府、企业、社会组织良性合作、互利互惠的多元治理格局。

从国外的实践经验来看,欧洲的莱茵河流域、美国的密西西比河流域、澳大利亚的墨累—达令河流域等流域的治理都非常重视发挥社会组织的作用。社会组织拥有非常强大的志愿者团队,不仅增强了行动力量,而且不依赖于政府,有非常高的独立自主性,对各国政府起到了很好的监督作用。

(2) 社会组织在流域治理中的角色定位和功能

社会组织在流域治理中的角色定位是相对于不同的主体而言的。相对于政府来说,社会组织是流域治理的参与者和地方政府利益的协调者;相对于企业来说,社会组织是企业参与的引导者和监督者;相对于公民个人来说,社会组织是力量的集聚者,也是公众参与机制的推动者。

根据社会组织的角色定位,社会组织在流域治理中具有力量整合、沟通合作、意见表达、监督约束、宣传教育等几方面的功能。

一是力量整合。动员社会的力量、组织更多的民众参与到流域治理的群体之中并成为流域治理的主体,是社会组织在流域治理中的重要功能。目前,许多社会组织以各种形式动员公众参与环境保护活动。保护流域生态环境是全社会的义务,需要动员全社会的力量来开展生态环境保护工作。所以我国政府没有把社会组织看作政府的一个压力,而是看作一支环境保护的力量与之进行合作,把他们作为政府与社会公众之间的桥梁,来配合政府、支持政府、监督政府搞好流域生态环境保护工作。

二是沟通合作。社会组织作为政府和公民之间的桥梁和纽带,一方面,能够代表所属群体理性、合法地表达其利益要求以实现有效的下情上达;另一方面,把政府的方针政策上情下达,并进行不同群体的利益协调和对话。因此,社会组织在缓冲政府与公众的矛盾,减少公众对抗性的社会冲突,调节和整合不同群体的利益诉求,维护社会秩序和社会稳定等方面能够起到十分重要的作用。

三是意见表达。社会组织是公众自发建立的环境保护组织,因此他们天然地和公众具有密切的联系,代表公众表达流域生态环境保护的观点、意见和建议。社会组织能以自身的特质和优势,发挥整合作用,把众多散落的、繁杂的个人意志聚合起来形成"公意",得以在政府决策乃至政纲中体现,从而以一种制度化的公共利益取代支离破碎的个人利益。

四是监督约束。作为社会力量的主要代表,社会组织比分散的公众具有更强的谈判能力和决策话语权,他们常常会根据公共利益或集体的长远利益需要,对政府资源开发行为和政策施加持续的、有影响的压力,已经成为一股重要的"压力集团",影响和制约着政府决策,甚至能够矫正政府的错误决策,在流域治理中发挥着重要的监督作用。

五是宣传教育。社会组织通过组织各种公益性活动来宣传环境科学知识和相关政策法规,帮助社会公众了解流域生态环境恶化的严峻性和保护流域生态环境的重要性,增强公众的环保意识和利益维护意识,调动公众参与流域治理的积极性,唤起社会对流域生态环境问题的普遍关注。

3.1.4 流域治理主体共生关系的博弈诠释

流域治理主体都是利益最大化的追求者。对于地方政府而言,所追求的是地方老百姓利益的最大化,当流域治理有利于地方老百姓利益时,政府就会合作;对于企业而言,追求自身利润最大化,环保意识淡薄,但是因破坏流域生态环境受到惩罚或者流域治理为其带来的收益大于其参与流域治理所支付的成本时,企业也会合作;对于社会组织而言,代表的是广大人民群众的利益,如果流域治理可以增加人民群众的幸福指数,就会主动参与到流域治理中来,与地方政府和企业合作。因此,流域治理的过程是一个共赢的利益协调过程,在各方利益充分伸张的基础上引导一种共同的利益选择,在共同利益的驱使下,流域治理主体之间将持续合作,从而实现各成员共生关系的形成和发展。

流域自然资源是准公共产品,流域生态破坏和环境污染则可被认为是对称性的公共负产品。我们把流域生态破坏和环境污染当作公共负产品 X,假设该公共负产品的供给问题是一个过程 d,且是一个使 $d(0)=0$ 的非递减映射。如果每一个参与人 i 都消费 x_i 单位的公共负产品 X,X 的产出数量为 $y=d(\sum_{i=1}^{n} x_i)$,给参与人 i 带来的效用为 $u_i(x_i,y)$,u_i 是 x_i 的增函数,是 y 的减函数。如果参与人对公共负产品 X 的加总消费为:$0<\sum_{i=1}^{n}x_i\leqslant 1$,其产出给参与人 i 带来 v_i(以 X 度量)的负效用,如果增加一点 X 的消费,参与人将会认为公共负产品太多,效率原则将使得一个

单位的公共负产品 X 在 n 个参与人之间分割,只要 $\sum_{i=1}^{n} v_i < 1$,效率原则就会要求参与人 i 至少消费 v_i 单位的 X。如果所有参与人都和参与人 i 的偏好一样,那么每个参与人都获得自己的一致同意效用,这是一个等价的平等主义的结果。参与人一致同意的效用就是效用函数的一个上确界,我们可以定义为:

$$una(u_i) = \max_{x \geqslant 0} u_i[x, d(nx)]$$

运用等价平均主义解的概念,对于任意 λ,$0 \leqslant \lambda \leqslant \dfrac{1}{n}$,定义效用水平为:

$$\Phi_\lambda(u_i) = \max_{x \geqslant 0} \left\{ u_i\left[x, d\left(\dfrac{x}{\lambda}\right)\right] \right\}$$

$\Phi_\lambda(u_i)$ 的值随着 λ 递减,且对于某 λ^*,效用向量 $[\Phi_{\lambda^*}(u_1), \cdots, \Phi_{\lambda^*}(u_n)]$ 是帕累托最优的。

显然,如果流域治理的主体都获得一个一致同意的效用,他们就会相互合作,共同参与到流域治理中来。流域治理主体和谐共生关系的形成,正是他们相互博弈的结果,实现流域治理整体效益的最大化和各治理主体之间的利益均衡是和谐共生的具体表现(如图 3-1 所示)。

3.2 我国流域治理手段与制度分析

流域作为一种独特的自然资源,是以河流为中心、由分水线包围的区域,是一个从源头到河口的完整、独立、整体性极强的自然区域。流域的自然属性突破传统的行政区划与边界,涉及流域范围内上下游、左右岸的政策互动以及利益协调,也跨越了多个职能部门和行政层级,利益相关者的关联程度较高。因此,流域治理具有跨边界的外部性和不可分割的公共性、政治性、层次性

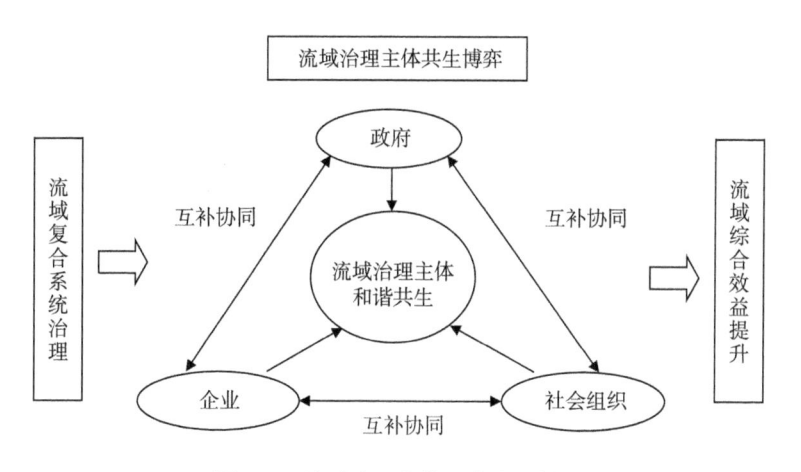

图 3-1 流域治理主体和谐共生模型

等特点,在治理过程中面临"跨域问题",需要跨域治理。所谓跨域治理,是超越不同范围的行政区域,建立协调、合作的治理体制,以解决区内地方资源与建设不易协调或配合的问题。

目前,我国流域治理模式呈现出明显的层级差异,在跨省域治理层面是中央调控下的派出机构层级管控模式,在省域治理层面则主要表现为省政府调控下的地方政府协调模式,在城市内的流域治理主要为城市政府主导下的层级考核模式。总体而言,中国式流域治理呈现出对政府组织的高度依赖,因此本课题主要以政府在流域治理过程中所采取的整治手段和制度安排为切入点,分析我国流域治理模式与机制。

3.2.1 流域治理手段

目前,我国流域治理以政府为主导,主要采取法律、经济、行政、工程技术四种手段,从流域规划、开发、管理、改善的全过程对流域治理进行调控(如图 3-2 所示)。

(1) 法律手段

法律手段是国家通过制定和运用法律法规来调控流域活动

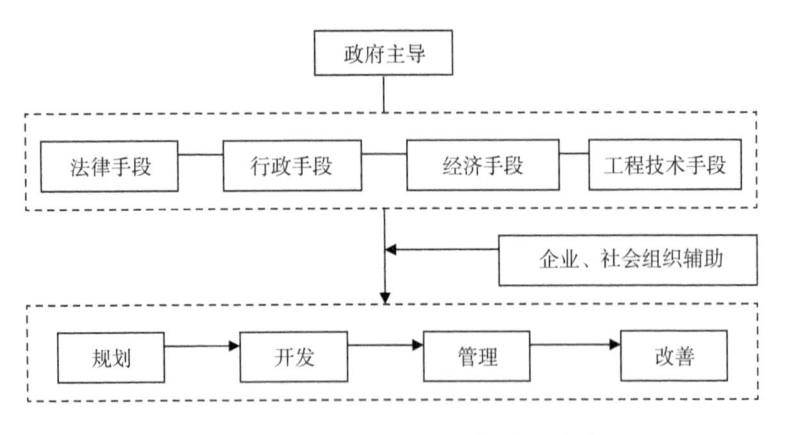

图 3-2 政府干预流域治理的手段和内容

的手段,主要包括立法、执法和法律监督。政府对流域治理的支持和干预必须有相应的法律为依据,其控制、组织、投资、引导活动必须在法律框架内进行,以减少政府行为的盲目性和随意性。此外,政府必须正确地执行立法机构制定的法律,对于那些违反法律、给流域生态造成破坏的生产经营活动,视情节严重程度给予相应的法律制裁。

随着环境问题日益严重,我国流域治理方面的立法数量越来越多,法律层次也呈现出多元化的趋势。其中,全国人大常委会通过的法律有:1997 年的《防洪法》、2002 年的《水法》、2008 年的《水污染防治法》和 2010 年的《水土保持法》等。水利部部务会议通过的规章有:2011 年的《水文监测环境和设施保护办法》、2011 年的《水文站网管理办法》和《生产建设项目水土保持监测资质管理办法》(现已废止)。此外,2011 年国务院第 169 次常务会议通过了《太湖流域管理条例》。

以上法律法规构成了我国流域水治理法律体系的核心,但这些法律规定还存在着诸多方面的不足,主要包括:水资源管理的主体及权限不明确,没有明确流域管理机构的地位;立法观念存在问题,存在重视行政机关作用而轻视公民和环保组织作用的倾向;对于企业和个人的违规行为有明确的惩处措施,而对于政府在执法过程中违反法定职责和义务所应承担的责任等规定模糊;立法技术不够完善,流域治理相关法律法规之间缺乏较好的衔接。

(2) 经济手段

经济手段是指通过制定和实施环境经济政策,按照市场经济规律的要求,综合运用价格、税收、财政、信贷、收费、保险等手段,启动市场机制,运用经济杠杆和市场手段推动流域治理,把外部不经济内在化,引导经济活动向有利于流域生态环境保护和流域经济可持续发展的目标迈进,不具有强制性,只具有指导性和参考性。

经济手段又可分为基于数量的经济手段和基于价格的经济手段。基于数量的经济手段是根据事先制定的水污染治理目标或流域内水环境容量确定允许排放的总量,让市场决定排放的价格,例如排污权交易、建立控污银行等;而基于价格的经济手段是根据排放浓度先确定排放的价格,让市场决定排放的总量,主要包括排污收费(税)、资源税、产品税、补贴、保证金(押金)、使用者收费或成本分摊,污染赔偿及罚款等手段。

随着市场化程度的不断加深,加之经济手段在流域治理中的灵活性和高效性,经济手段在全球范围内愈来愈被广泛使用。从以行政手段为主向以经济手段为主转变是我国流域治理的趋势。

(3) 行政手段

行政手段是目前我国流域治理的主要手段,指国家通过行政机关采取强制性的行政命令、指示、指标、规定等行政措施来调节和管理流域活动的手段,包括行政命令、行政指标、行政规章制度和条例,比如工商局的检查、税务局的查税、政府的命令等,这些都属于行政手段的范畴。政府采用行政手段对流域治理进行干预,具有权威性、强制性、垂直性、具体性、非经济利益性和封闭性等特点,便于政府充分发挥其控制、组织等功能,可以灵活处理流域治理过程中的各种特殊问题。

行政手段是其他各项手段得以执行的基础和保障,可以保证流域治理活动的集中统一,具有目标明确、见效快等优点。然而,也存在以下缺点:一是不利于发挥下级的积极性、主动性和创造性。单纯过度运用它,就会使权力过分集中于上级,而下级有职无权,养成对上级的依赖性,以及被动执行上级指示的习惯和消极意识。二是信息传递迟缓,失真率高。如果发讯者的权威小,则信息传递缓慢、接受率低,尤其在机构庞大、层次繁多的情况下,则必然导致信息传递拖延、失真。因此,对于行政指令方法,不能单纯依靠,而应与法律、经济、思想教育诸法有机配合使用;特别须从实际出发,按客观规律办事,正确命令指示,防止主观主义、瞎指挥和简单强迫命令。

(4)工程技术手段

工程技术手段是指利用水利工程技术修建水电站、大坝、水库、蓄水池、清洪水渠等。我国在流域治理过程中注重运用系统工程学理论(灰色系统理论、线性规划、多目标规划和系统动力学等)和3S技术(RS,GPS,GIS),根据流域自然地理、社会经济条件对流域进行结构优化,使流域治理在科学规范的基础之上进行。目前,3S技术在流域景观空间格局动态分析、森林资源评价、水文检测、土地利用动态监测与预测、土地利用规划等方面发挥着重要作用。

3.2.2 流域治理制度

制度是一个社会的游戏规则,更规范地讲,它们是为人们的相互关系而人为设定的一些规制,其目的是对人的行为予以规范和约束,使其按照预定的目标行事。制度可以有效规范和激励人们的行为,但制度和社会发展并不总是同步的,已有或正在运行的制度并不总是能促进社会发展,当制度对社会发展起阻碍作用时,人们就应该自觉进行制度创新。

流域治理是一项跨区域、跨部门、跨学科的复杂的系统性工程，制度创新是流域治理顺利进行的重要保障。随着流域生态环境的日益恶化，相关政府机构和专家在流域治理制度创新方面做出了很大的努力与探索，取得了一定的成效。

(1) 流域水资源管理体制

2002年颁布的《中华人民共和国水法》第十二条规定："国家对水资源实行流域管理与行政区域管理相结合的管理体制"。按照这种管理体制，流域水资源管理实行水利部、流域机构、省（区、市）水利厅三级体制，以流域统一管理为主，以区域行政管理为辅。这在一定程度上明确了流域管理机构的法律地位，改变了过去分级、分部门的管理体制，理顺了水资源管理体制，强化了流域管理。但是，流域管理实践中却逐步形成国家与地方条块分割，以河流流经地区的行政管理为主。"多龙治水"演变成"一龙治水、多龙管水"，虽然各流域水利管理主体有一定程度的分工与协作，但职能交叉、多头领导的现象并未消除，流域管理效率仍然不高。

强化流域内水资源的统一规划、统一配置和统一管理，实现流域内水资源的优化配置和可持续利用，既是当今世界发达国家水资源管理的一种共同趋势，也是我国流域管理体制改革的必然方向。我国流域管理发展趋势是以流域为单元进行水资源的综合管理，以法律的、行政的管理手段为主，以经济手段为辅，实施民主管理。

(2) 流域产业安排制度

科学的产业布局是流域生态保护的根本保障。随着流域生态环境的日益恶化，国家先后出台了一系列的政策、文件，要求转变流域经济发展方式，调整流域产业结构和产业布局，走新型工业化、新型城镇化、农业现代化、信息化道路，从源头上控制整个流域的污染物排放量，使其保持在水环境承载力的范围内。

2007年7月3日，原国家环保总局宣布对长江、黄河、淮河、海河四大流域水污染严重、环境违法问题突出的6市、2县、5个工业园区实行"流域限批",对流域内32家重污染企业及6家污水处理厂实行"挂牌督办"。流域限批指的是某个河流流域限制新的污染企业数量,是一种特殊行政手段,对于尽快建立跨区域、跨部门的流域污染防治机制,进一步理顺相关职能部门的职责及相互关系,敦促调动流域各级政府站在流域整体的高度积极开展污染治理,无疑具有巨大的推动作用。

2011年8月24日国务院第169次常务会议通过的《太湖流域管理条例》第二十八条规定:"禁止在太湖流域设置不符合国家产业政策和水环境综合治理要求的造纸、制革、酒精、淀粉、冶金、酿造、印染、电镀等排放水污染物的生产项目,现有的生产项目不能实现达标排放的,应当依法关闭。在太湖流域新设企业应当符合国家规定的清洁生产要求,现有的企业尚未达到清洁生产要求的,应当按照清洁生产规划要求进行技术改造,两省一市人民政府应当加强监督检查。"

在国家政策文件的引导和约束下,流域内传统的冶炼、化工、建材等高耗能、高污染产业的比例逐渐降低,取而代之的是新能源、环保等新型产业。但是,我国对于关流域布局没有专门的立法,而是将其包含在其他法律法规中,因而流域产业布局缺乏一定的科学性。

(3)经济制度安排

目前,基于市场的政策工具越来越受到重视,在许多国家正以不同的形式逐步得到实施,成为当今世界环境管理制度的一个潮流。目前,我国在流域资源产权交易、排污权交易、环境税费改革、污染责任险、生态补偿等环境经济政策改革方面出台了一系列的文件,并取得了显著成效。

① 流域资源产权交易。1997年,从事资产重组和产权转让的产权交易机构和相关经济组织共同成立了非营利性的区域性民办非企业合作组织——长江流域产权交易共同市场(图3-3),

现有18个省、市、自治区共44家产权交易机构。长江流域产权交易共同市场的业务范围主要包括：加强各地产权市场联系；加强双边与多边合作；促进以产权为纽带的跨地区资本流动；充分发挥各地信息、人才、资金等优势，坚持规范运作，降低交易成本；按照公开、公平、公正原则，推动产权市场健康发展。

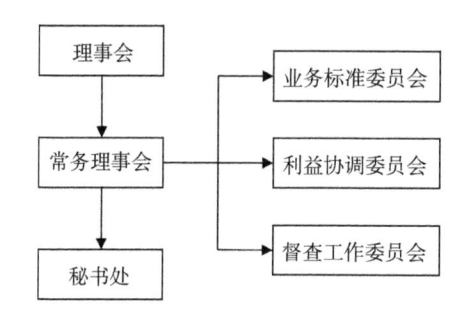

图 3-3 长江流域产权交易共同市场组织结构

② 排污权交易。排污权交易（Pollution Rights Trading）是一定区域内，在污染物排放总量不超过允许排放量的前提下，内部各污染源之间通过货币交换的方式相互调剂排污量，从而达到减少排污量、保护环境的目的。它的主要思想就是建立合法的污染物排放权利即排污权（这种权利通常以排污许可证的形式表现），并允许这种权利像商品那样被买入和卖出，以此来进行污染物的排放控制。

20世纪90年代，为了控制酸雨，我国引入排污权交易制度。2001年4月，原国家环保总局与美国环保协会签订《推动中国二氧化硫排放总量控制及排放权交易政策实施的研究》合作项目，随后开展了"4+3+1"项目。2001年9月，在多方努力下，江苏省南通市顺利实施中国首例排污权交易。交易双方为南通天生港发电有限公司与南京醋酸纤维有限公司，双方在2001—2007年期间交易SO_2排污权1 800 t。2003年，江苏太仓港环保发电有限公司与南京下关发电厂达成SO_2排污权异地交易，开创了中国跨区域交易的先例。2007年11月10日,国内第一个排污权交易中心在浙江嘉兴挂牌成立,标志着我国排污权交易逐步走向制度化、规范化、国际化。但相关专家认为,排污权交易的全面推广仍需解决三个难点问题:因受让主体范围较小而造成的企业之间的不公平、现行单价竞价模式易造成不公平、由环保部门出让排污权易引发社会质疑。

③ 环境税费改革。早在2005年,原国家环保总局中国环境规划院课题组就完成了《中国环境税收政策框架设计与实施战略》。中国政府首次明确开征环境税,是在2007年6月。近年来,生态环境保护部和相关税收部门也在研制不同的税收方案并择机出台,学术界对开征环境税的讨论和研究一直没有间断过。2011年,《国务院关于加强环境保护重点工作的意见》中提出要"积极推进环境税费改革,研究开征环境保护税"。2013年5月,时任国务院副总理马凯撰文,要按照价、税、费、租联动机制,适当提高资源税税负,加快开征环境税,完善计征方式,再次把环境税费改革提上日程。

④ 环境污染责任保险。环境污染责任保险是以企业发生污染事故对第三者造成的损害依法应承担的赔偿责任为标的的保险。它是一种特殊的责任保险,是在二战以后经济迅速发展、环境问题日益突出的背景下诞生的。在环境污染责任保险关系中,保险人承担了被保险人因意外造成环境污染的经济赔偿和治理成本,使污染受害者在被保险人无力赔偿的情况下也能及时得到给付。

2013年1月21日,原环境保护部与中国保监会近日联合印发了《关于开展环境污染强制责任保险试点工作的指导意见》,指导各地在涉重金属企业和石油化工等高环境风险行业推进环境污染强制责任保险试点。据悉,目前我国已在十多个省(自治区、直辖市)开展了相关试点工作,投保企业达2 000多家,承保金额近200亿元。运用保险工具,以社会化、市场化途径解决环境污染损害问题,有利于促使企业加强环境风险管理,减少污染事故发生;有利于迅速应对污染事故,及时补偿、有效保护污染受害者权益。

⑤ 生态补偿机制。生态补偿机制是以保护生态环境、促进人与自然和谐为目的,根据生态系统服务价值、生态保护成本、发展机会成本,综合运用行政和市场手段,调整生态环境保护和建设相关各方之间利益关系的环境经济政策。主要针对区域性生态保护和环境污染防治领域,是一项具有经济激励作用、与"污染者付费"原则并存、基于"受益者付费和破坏者付费"原则的环境经济政策。

在探索建立生态补偿机制方面,浙江省一直走在全国前列。继 2005 年出台《关于进一步完善生态补偿机制的若干意见》、2006 年出台《钱塘江源头地区生态环境保护省级财政专项补助暂行办法》之后,2008 年又出台了《浙江省生态环保财力转移支付试行办法》,成为全国第一个实施省内全流域生态补偿的省份。

2008 年 1 月,《江苏省太湖流域环境资源区域补偿试点方案》正式实施,规定:建立跨行政区交接断面和入湖断面水质控制目标,上游设区的市出境水质超过跨行政区交接断面控制目标的,由上游设区的市政府对下游设区的市予以资金补偿;上游设区的市入湖河流水质超过入湖断面控制目标的,按规定向省级财政缴纳补偿资金。

3.3 我国流域治理模式与机制的缺陷

中华人民共和国成立后,尤其是改革开放以来,我国逐步形成了以政府为主体、以命令控制为主要手段的流域治理机制与模式,为我国工业化和城市化进程中有效扼制流域水污染发挥了积极的作用,但其运行过程也存在诸多制度缺陷,主要表现在治理功能"碎片化"、治理主体"单边化"、治理缺乏协作机制和治理过程没有考虑环境友好等。

3.3.1 治理功能"碎片化"

目前,我国实行流域管理和行政区管理相结合的流域管理体制,其实质就是以条条为主、条块分割的多头管理体制。即出现所谓的"碎片化权威"。例如,有些组织机构只负责水土保持,有些组织机构只负责防洪抗灾,有些只负责水资源调配,有些只负责水利水电工程开发建设。这些部门之间却没有任何制约关系,谁也无权命令或指挥、协调别的机构。

因此,管理模式功能碎片化导致流域管理机构出现"各自为营、多龙管水"的现象,致使管理体制出现严重的条块分割。治理模式的功能碎片化,使得一条流域内上下游、左右岸或者各行政区域之间的管理部门因利害关系与意见不一而在诸如防洪抗旱、航道运输、水资源调配等工作上出现协调不畅,甚至相互扯皮的现象。

3.3.2 治理主体"单边化"

我国的流域治理主体一直都是政府机构,各级政府一直都扮演着流域治理的单边主体角色。当前,我国各级政府既是生态公共服务的供给主体角色,又是重要的直接生产主体,承担着流域生态环境治理的主体责任。而作为生态资源消费者的企业和社会公众对生态环境保护的参与度较低。

治理主体的单一性导致了诸多问题,例如:有些地方政府为追求地方政绩,一切以经济发展为主,以经济高增长率为荣,于是持守一种非可持续性的发展观对流域进行开发,从而产生了政府利益与资源环境保护的矛盾。在二者的博弈之中,政府往往会为了政绩而放弃流域资源与生态环境的保护。再者,流域管理是一个集社会、经济、环境等各要素于一体的技术性工作,治理主体的单一性使得我国在流域管理制度的制定、管理路径的选择等方面上欠缺周全,导致我国流域治理缺乏统一性与权威性,从而使得我国流域治理工作虽然开展多年但是一直未能杜绝各种问题的出现,例如洪涝灾害、水体污染、水土流失等。

3.3.3 治理缺乏协作机制

流域生态资源在经济学的定义中属于公共产品,其综合开发过程具有非排他性、非竞争性和不可分割性等公共产品固有的特征,容易诱发"免费乘车""公地悲剧"和"外部效应溢出"等情况。"我花钱种树,他免费乘凉""上游保护,下游受益""上游污染,下游遭殃"是我国流域生态环境治理中体制性矛盾的生动写照,也是流域治理主体缺乏有效协作机制的集中表现。

目前,我国流域治理缺乏协作机制主要表现在两个方面:

一是缺乏政府与公众的协作机制。我国现行的流域管理仍以政府机构管理为主导,流域利益相关方缺乏参与权,人民群众参与的范围和深度非常有限。由于流域利益相关方参与流域管理的制度尚不健全,许多流域管理机构、地方政府、用水居民与民间组织团体等被排斥在流域重要事件的决策过程之外。由于缺乏政府与公众的协作机制,公众在获取信息等相关权益方面难以得到保障,同时也影响公众参与流域管理政策执行的积极性和主动性。

二是流域治理政府与政府之间缺乏协作机制。我国流域综合开发规划、水环境功能区划等与行政区域经济、社会发展规划表现出明显的分割倾向,前者对后者难以发挥基础性、先导性和制约性作用。为谋求区域经济的发展,个别行政区政府在水资源利用中存在严重的机会主义倾向,极力通过外溢效应降低生态治理成本。如有些流域上游就出现了部分未经区际协商和上级部门同意的"擦边球工程",引发争水利、让水害的矛盾。部分未经规划、环评、审批就擅自建设的违规电站,没有按照要求保证必要的最小下泄流量,引起流域生态恶化和航运标准下降,影响下游地区城乡居民的生产生活,致使部分治理方案出现一些损人利己的决策，导致"各人自扫门前雪，莫管他人瓦上霜"的现象。

3.3.4 治理过程没有充分兼顾环境友好

环境友好型社会是指一种人与自然和谐共生的社会形态，其核心内涵是人类的生产和消费活动与自然生态系统协调可持续发展。主要包括：建立有利于环境的生产和消费方式；研发无污染或低污染的技术、工艺和产品；进行对环境和人体健康无不利影响的各种开发建设活动；建立符合生态条件的生产力布局；产业结构趋向无污染与低损耗；扶持可持续发展的绿色产业等等。

我国流域治理目标单一，部分治理过程没有充分考虑环境友好，从而造成一些环境问题的存在，主要表现在四个方面：一是流域治理过程中造成环境负面影响或二次污染，比如一些工程造成河湖形态变化、河道淤积、阻断鱼类洄游通道、土地淹没、移民搬迁、崩岸塌岸、水土流失、土地次生盐碱化等问题，使流域生态环境、周边居民身体健康以及农业生产等诸多方面都受到不同程度的影响；二是流域治理过程中对自然资源过度使用，表现为流域周边植被破坏、水资源破坏、依靠流域资源而生存的多种物种面临灭绝的危险、部分不可再生流域资源过度使用，等等；三是流域治理导致人口迁徙与人口结构变化，从而改变了流域对人口的承受能力；四是人类对流域资源过度地开发利用，导致流域环境质量和自然修复能力下降。

3.4 我国流域治理模式与机制存在缺陷的原因分析

3.4.1 流域区与行政区规则不兼容

流域区和行政区是两种不同属性的区域划分。流域区是以河流为中心，由分水线包围而形成的区域，是一个从源头到河口的完整、独立、自成系统的水文单元。行政区是指为实现国家的行政管理、治理与建设,对领土进行合理的分级划分而形成的区域,是行政区划的结果,是一种有意识的国家行为,带有明显的政治色彩,经济社会活动以本区利益为导向,从而形成所谓的"行政区经济"。同一流域很多时候往往流经几个不同的行政区,而一个行政区也可能包含几个不完整的流域区。流域区与行政区的区别主要有以下几个方面:

第一,行政区是与一定等级政府相对应的政治、经济、社会综合体,是公权力自然衍生的产物,具有明显的政权管治特质;而流域区是自然、地理和经济的综合体,是人类自然历史过程的自发产物。

第二,在区域经济联系方面,行政区是计划经济体制下区域经济发展的计划实施区域单元。在市场经济体制下,行政区部分转化为经济调控区域单元;而流域区以水资源的综合开发利用为纽带,将各生产要素紧密地联系起来,形成相对独立的系统结构。

第三,在区域管理方面,行政区具有完整的自上而下的垂直式行政系统,在辖区内实行层级分明的严密区域行政管理;而流域区虽然各要素之间联系紧密,但目前的流域管理机构相对而言更多扮演的是指导协调机构角色,是较为松散的管理体系。

第四,在系统特性方面,行政区具有很强的封闭性,尤其在管理经济方面,各行政区在其区域经济发展过程中以自己的辖区为中心,各自为政;流域区是一个开放的耗散结构系统,内部子系统间协同配合,同时系统内外进行大量的人、财、物、信息交换,形成一个耗散型结构经济系统,流域内各地区的经济联系随着水资源的开发利用而不断深化。

3.4.2 涉水机构的复杂性

国内大多数城市的现行行政架构是多龙治水的架构,"管水量的不管水源,管水源的不管供水,管供水的不管排水,管排水的不管治污",引发了在水资源管理、开发、利用等方面决策分散化的状况,客观上导致出现了与流域统一管理要求相背离的不同形态的水资源分割管理的局面。因多部门和各地区分割管理,难以按照市场需求配置水资源,难以建立起取水、排水、供水、污水处理等统一、合理的价格体系,无法体现水价的经济杠杆调节作用,未能制止水资源浪费和水环境污染的发生,也无法优化流域水资源配置和改善水环境。此外,流域区政府掌握本地区水资源的支配权,在一定程度上分割了流域水利机构的管理权,导致流域水利机构只能在省际边界水事矛盾的协调、省际河道的规划等方面发挥有限的作用,而对流域开发和管理的调控难以产生实质性影响。

3.4.3　法律法规体系不健全

目前流域治理缺乏有效的法律支撑,我国现有的《环境保护法》《水法》《水污染防治法》等相关法律法规缺乏完整的流域性水污染治理的条款,缺乏流域管理机构设立的组织法,缺乏公众参与的程序法,流域管理机构的稳定性、职能、职责和任务没有法律保障,对流域统筹治理无法起到有效的约束和规范作用。此外,法律法规之间规定不一致,且各管一块,制度化分配行政权力、监督权力行使的功能欠缺,造成基层单位模棱两可、无所适从,出现"上有政策,下有对策"的困局,影响政策的执行效果。

3.4.4　"以物为中心"的价值取向

当前的公共政策分析中以物为中心的价值取向,必然导致公共政策形成过程中功利主义的倾向,即单纯追求经济或物的增长,"见物不见人",这是现有公共政策分析范式中致命性的缺陷。它使人们片面地、静止地把生产力决定论理解为经济增长决定论,形成了以经济增长指标评判政府得失、分析政策优劣的导向,使公共政策太多地倾向于经济增长。这种价值取向给短期行为和机会主义行为提供了广阔的空间,尤其是在信息传递链条过长、信息渠道过窄的情况下,上级政府很难做到对下级政府的"现场监督",导致个别地方政府片面追求地区经济增长,忽视了公共福利最大化的需要。此外,以追求利润最大化为导向的企业和具有利己心的公众,在流域生态治理和环境保护上往往会采取不合作的策略,它们大多缺乏参与环境保护的主动性,反而尽可能地利用流域公共资源谋取自身经济利益。

3.4.5 计划经济体制的影响

受计划经济体制的长期影响,流域治理以行政手段为主导,没有被纳入经济社会发展的整个系统中进行考虑,忽视了企业、公众等社会力量在流域治理中的重要性,流域治理缺乏合作的传统。虽然近几年来随着市场经济的发展和区域经济一体化进程的加快,跨区域的经济合作有了一定的发展,但是跨区域的合作尚缺乏一套切实可行的制度框架,地区之间的合作缺乏制度依据,也缺乏有效的议事程序和争端解决办法。此外,现有的合作关系并不是建立在市场机制基础上的,导致流域内的地区合作缺乏动力机制,跨地区的流域污染防治共建共享平台尚未建立,区域合作还需要进一步探索。

第四章 基于生态文明的流域治理路径与模式选择价值取向

4.1 价值取向的含义

价值取向(Value Orientation)是价值哲学的重要范畴,它指的是由一定主体基于自己的价值观,在面对或处理各种矛盾、冲突、关系时所持的基本价值立场、价值态度以及所表现出来的基本价值倾向。

从内容方面看,价值取向就是关于价值的观念。人们对于事情总是抱有一定的基本观念、立场、思想、态度,即人们关于什么是好、什么是坏,怎样为好、怎样为坏,以及自己向往什么、追求什么、舍弃什么、拥护什么、反对什么等,这就是所谓价值取向思想内容的总和。克拉克洪(Kluckhohn)和斯特罗德贝克(Strodtbeck)概括出了五种类型的价值取向:一是关于人类本性内部特征的概念(坏的、善恶混合的、可变的);二是关于人与自然及超自然关系的概念(人类服从自然、人与自然和谐相处、人统治自然);三是人类生命的时间取向(以过去为中心、以现在为中心、以未来为中心);四是对自我性质的看法(强调存在、强调顺其自然、强调行为);五是对人际关系的看法(独处、合作、个人主义)。

从形式方面看,价值取向是通过人们的思想、观念、精神等形式表现出来,主要是指人们头脑中的信念、信仰、理想系统。价值取向不同于知识、理论和科学系统,它不是主要表明人们"知道什么,懂得什么,会做什么",而是主要表明人们究竟"相信什么,想要什么、坚持、追求和实现什么",是人们在知识的基础上进行价值选择的内心定位、定向系统。

从渊源方面看,价值取向不是凭空产生和改变的,它归根结底反映了人们的社会存在,即生存方式、生活条件和实践经历等特征。价值取向的深层基础是主体的根本地位、需要、利益和能力等具体情况,是人的现实生活在头脑中的反映和积淀。因此,价值取向总是和人们的现实情况相联系,不同地位、不同条件、不同经历的人有着不同的价值取向,价值取向具有多元化的特性。

从功能方面看,价值取向是人们心目中的评价标准系统。现实生活中,价值取向具有决定、支配、引导主体价值选择的突出作用,对主体自身、主体间关系、其他主体均有重大的影响,直接影响着人们的工作态度和行为,人们在工作中的各种决策判断和行为都是基于一定的指导思想和价值前提。管理心理学把价值取向定义为"在多种工作情景中指导人们行动和决策判断的总体信念"。诺贝尔经济学奖获得者、著名心理学家西蒙认为,决策判断有两种前提:价值前提和事实前提。这从实践和理论两方面说明了价值取向的重要性。

总之,价值取向是人的精神心理活动的中枢系统,是人生精神追求、寄托、支柱和动力所在。对于国家和社会而言,价值取向是国家社会大系统的"软件",是思想文化、意识形态体系中最核心的内容。

4.2 基于生态文明的流域治理的价值取向的维度

基于生态文明的流域管理与路径的核心价值立场、价值态度是"生态文明",因此,流域治理机制与模式创新的价值取向应主要从以下三个方面考虑,即:生态文明、环境友好和可持续发展。从宏观到微观,将生态文明、环境友好以及可持续发展的价值取向与流域治理机制和模式创新联系到一起,为基于生态文明的流域治理模式和治理路径提供指导思想。

4.2.1 生态文明

(1) 生态文明的内涵

生态文明,是人类遵循人、自然及社会和谐发展这一客观规律,为保护和建设美好生态环境而取得的物质成果、精神成果和制度成果的总和,是贯穿于经济建设、政治建设、文化建设、社会建设全过程和各方面的系统工程,反映了一个社会的文明进步状态。生态文明是以人与自然、人与人和谐共生,全面发展,持续繁荣为基本宗旨的文化伦理形态。它是对人类长期以来主导人类社会的物质文明的反思,是对人与自然关系历史的总结和升华。生态文明强调的是人与自然及社会的和谐相处。党的十八大报告指出:"建设生态文明是关系人民福祉、关乎民族未来的长远大计。面对资源约束趋紧、环境污染严重、生态系统退化的严峻形势,必须树立尊重自然、顺应自然、保护自然的生态文明理念,把生态文明建设放在突出地位,融入经济建设、政治建设、文化建设、社会建设各方面和全过程,努力建设美丽中国,实现中华民族永续发展。"党的十八大提出了要将生态文明建设纳入中国特色社会主义事业五位一体战略总布局。党的十八届三中全会通过《中共中央关于全面深化改革若干重大问题的决定》,提出"紧紧围绕建设美丽中国深化生态文明体制改革,加快建立生态文明制度,健全国土空间开发、资源节约利用、生态环境保护的体制机制,推动形成人与自然和谐发展的现代化建设新格局"。

(2) 生态文明与流域治理

自然是人类得以在地球生存的家园与庇护所,是人类产生、生存和发展的基本保障。水系流域也是大自然生态极为重要的一部分。人类本身属于大自然的产物,是大自然的一部分,应该在自身的发展中认识和遵循大自然的规律,依靠大自然、改造大自然,参与自然活动,力求实现人与自然的共同和谐发展,而不是凌驾于自然之上。但是，历史表明，随着科学的进步、社会的发展和人口的增长，人类在改造大自然方面取得巨大成果，以及获取更多财富的同时，却造成了严重的环境破坏、生态失衡等一系列问题，而人类也因此遭到了大自然无情的报复。我国经济目前正处于增长速度换挡期、结构调整阵痛期叠加的"新常态"阶段。我们用几十年的时间走完了西方发达国家几百年的工业化历程，在经济社会发展方面取得了举世瞩目的成就。但各种潜在的矛盾和问题也开始集中显现，尤其在生态环境方面。

流域是以水为纽带，由水、土地、生物等自然要素与社会、经济等人文要素组成的复合生态系统，不仅是实现国民经济和区域经济持续发展的空间载体，也是生态系统进行能量和物质循环、维持生态系统平衡的基本元素。流域生态文明在生态文明中有着举足轻重的地位。流域生态文明的内涵包括三个方面：一是以水为纽带的流域自然生态系统的完整性；二是流域经济社会系统发展的可持续性；三是人居环境的生态性。因此，在流域治理中人类应该学会认清自己在大自然中的位置和作用，承担起保护环境、维护流域生态平衡的义务与责任。要以人与自然、人与人、人与社会的和谐共生、良性循环、全面发展、持续繁荣为基本宗旨，树立尊重自然、顺应自然、保护自然的生态文明理念，在利用大自然的同时，预测自身的社会活动对大自然可能造成的影响，合理地支配自身的行动，着力提高资源利用效率和生态环境质量，保障人与社会、自然的和谐相处。以流域生态系统健康为目标，以水生态承载力为约束，统筹安排，综合管理，将现代社会经济发展建立在流域生态系统动态平衡的基础上，不断地优化人类、社会、自然、经济之间的关系，有效解决人类社会经济活动与流域自然生态环境之间的矛盾，把实现生态文明作为流域治理的指导原则和终极目标。

4.2.2 环境友好

(1) 环境友好的内涵

环境友好是一种人与自然和谐共生的形态,其核心内涵是人类的生产和消费活动与自然生态系统协调可持续发展。环境友好型社会由环境友好型技术、环境友好型产品、环境友好型企业、环境友好型产业、环境友好型学校、环境友好型社区等组成,主要包括:有利于环境的生产和消费方式,无污染或低污染的技术、工艺和产品,对环境和人体健康无不利影响的各种开发建设活动,符合生态条件的生产力布局,少污染与低损耗的产业结构,可持续发展的绿色产业,人人关爱环境的社会风尚和文化氛围。环境友好型社会,就是全社会都采取有利于环境保护的生产方式、生活方式、消费方式,建立人与环境良性互动的关系。反过来,良好的环境也会促进生产、改善生活,实现人与自然和谐。建设环境友好型社会,就是要以人与自然和谐相处为目标,以环境承载力为基础,以遵循自然规律为核心,以绿色科技为动力,倡导环境文化和生态文明,构建经济、社会、环境协调发展的社会体系,实现可持续发展。

自改革开放以来,我国已经成为世界第二大经济体,经济增长成就斐然,被世界银行赞誉为"中国的奇迹"。但是,我国的经济增长一直是一种以资源大量消费为主的粗放型发展模式。经过40多年快速发展,粗放型发展模式已难以为继。2012年,我国经济总量约占全球的11.5%,却消耗了全球21.3%的能源、45%的钢、43%的铜、54%的水泥;原油、铁矿石对外依存度分别达到56.4%和66.5%;排放的二氧化硫、氮氧化物总量居世界第一。正因为如此,在我国国民经济迅速增长的同时,环境问题也变得越发严重。

(2) 环境友好与流域治理

环境污染不仅使国家形象受损,同时也造成了我国资源紧缺和生态环境恶化等一系列严重问题。同样我国流域生态环境问题也格外地突出。自改革开放以来，我国经济持续迅猛发展，工业化进程加快，与之而来的是水污染问题愈发严重。经过多年努力，我国主要流域水污染虽然得到了一定程度的缓解，但是流域污染负荷持续增加，水污染形势仍然严峻。据统计，2014年全国地表水总体为轻度污染，全国主要水系131个重点断面水质自动监测站八项指标的监测表明：Ⅰ～Ⅲ类水质的断面为97个，占77%；Ⅳ类水质的断面为14个，占11%；Ⅴ类水质的断面为4个，占3%；劣Ⅴ类水质的断面为12个，占9%。国控重点湖泊中，水质为污染级的占39.3%。31个大型淡水湖泊中，17个为重度污染、中度污染或轻度污染。而且，大量天然湖泊消失或大面积缩减，如"第一大淡水湖"鄱阳湖和"气蒸云梦泽"的洞庭湖湖面大幅缩小。

政府早已充分认识到这一问题的严重性。2005年3月12日，在中央人口资源环境工作座谈会上，胡锦涛总书记提出要"努力建设资源节约型、环境友好型社会"。在党的十八届三中全会上，习近平总书记把生态文明建设作为继发展社会主义市场经济、民主政治、先进文化、和谐社会之后的第五大目标。由此可见，环境友好型社会建设已经成为国家治理体系和治理能力现代化建设的重要组成部分。所以，在我国流域治理过程中，也必须坚持环境友好的价值取向。面对严峻的水污染环境形势，建立环境友好的流域治理模式有着积极的现实意义，它有利于改善流域居民生存环境，有利于促进流域经济增长模式由粗放型向集约型转变，有利于流域经济社会的全面发展。环境友好的流域生态系统不仅可保持流域生态功能稳定性和完整性，而且具有抵抗和消化污染、恢复自身生态稳定平衡能力，并能够为该流域提供合乎人类需求的生态服务和经济价值。相反，流域污染的生态环境对于人类与自然都没有益处，还会严重影响流域发展的协调性和可持续性。

4.2.3 可持续发展

(1) 可持续发展的内涵

纵观人类历史发展的进程,古代人类文明孕育于水系,依傍着流域;现代人类文明的发展,同样离不开流域。人类的可持续发展离不开流域的可持续发展。可持续发展是一种注重长远发展利益的经济增长模式。可持续发展的概念,最先是在1972年于斯德哥尔摩举行的联合国人类环境研讨会上被正式讨论,指既满足当代人的需求,又不损害后代人满足其需求的能力。可持续发展是以保护自然资源环境为基础,以激励经济发展为条件,以改善和提高人类生活质量为目标的发展理论和战略,是一种新的发展观、道德观和文明观。可持续发展涉及生态、经济、社会、政治等多个方面,也就是说可持续发展就是各个方面共同协调的发展。可持续发展的核心是发展,但是可持续性是发展的前提和保障,因此在进行经济和社会发展的同时,要严格控制人口数量、提高人口素质、保护环境以及保障资源永续利用。我国是一个发展中国家,各方面力量还很薄弱,我国的可持续发展战略必须与国情相匹配,与"发展才是硬道理"有机地融合起来。流域作为一个相对独立完整的生态和地理单元,具有特殊的自然地理条件、特殊的文化传统、特殊的发展模式以及特殊的生态自然环境。

(2) 可持续发展与流域治理

根据可持续发展的理念,健康的经济发展应建立在社会进步及自然资源与环境可持续支撑能力的基础上,既要在经济发展中保证当代人的各种物质生活的需要,又要保证各种自然资源的永续利用,保证生态环境处于适于人类生存与发展的良好状态。在此基本原则的指导下,流域经济发展不能超过流域资源和环境的承载能力,要与之相协调;流域经济在满足当代人的生存和发展需要的前提下,寻求一种不至于损害后代人之生存权和发展权的、能够长期延续的发展道路,形成流域内经济、环境与资源良性发展的局面。其发展必须以对生态系统的可持续利用为基础,一方面要有效发挥流域资源,尤其是水资源对经济发展的促进作用;另一方面要采取各种措施对经济活动产生的生态破坏和环境污染进行有效控制,使之保持在生态系统自身能承受的水平。发展是流域经济可持续发展所要达到的最终目的;能够长期延续,是流域经济发展所追求的战略目标;满足流域内当代人生存和生活的各种基本要求是流域经济可持续发展所应保证的基本前提。这三者相互联系、相互制约,形成一个科学的有机的整体。

在流域开发之初,流域经济取得了突飞猛进的发展,但是随着流域资源的日益枯竭以及流域生态环境的日益恶化,流域经济发展速度减慢,遇到了瓶颈,难以取得显著性的进展,并暴露出了许多弊端。这种以环境为代价的发展模式,没有统筹兼顾短期利益和长期利益以及生态效益和经济效益,虽然满足了当代人的发展需求,但是严重威胁到了子孙后代的生存资源和环境。因此,在流域治理过程中,我们要对子孙后代负责,就必须以可持续发展为价值取向,坚持公平性、可持续性、共同性原则。流域的可持续发展完全可以实现眼前利益与长远利益、经济效益与生态效益的和谐共赢。推行可持续发展,有利于流域经济持续快速的增长,有利于优化资源的配置与使用,有利于实现环境污染治理与保护,从而为我国构建和谐社会以及国家的永续发展提供基础,为实现中华民族伟大复兴的中国梦提供坚实的保障。

4.3 坚持价值取向的意义

4.3.1 促进全民族生态道德文化素质的提高

我国生态环境恶化状况迟迟不能得到根本好转,这与人们的生态道德文化素质的缺失有着直接的关系。近些年来,由于教育水平的提高、政府宣传的深入以及对生态保护的惩治力度加强等,我国城乡居民的生态意识、环保观念日益增强,参与生态治理、环境保护的积极性明显提高。但是,生态道德文化尚未普遍植根于广大群众心中。群众生态道德文化水平普遍低下,处于"文盲、半文盲"状态。生态道德文化缺失还表现在消费领域中追求奢华、过度消费甚至挥霍浪费等方面。事实证明,在广大群众尤其是在公职人员中间,强化生态道德文化教育,"补生态道德文化课",极为迫切和重要。

我国是具有悠久生态道德文化与伦理传统的国家,传统文化中蕴含着丰富而朴素的生态道德文化,其中"天人合一"理念就代表了中华民族追求人与自然和谐统一的精神境界。"道之以政,齐之以刑,民免而无耻;道之以德,齐之以礼,有耻且格。"(《论语·为政》)建设生态文明,不仅需要法律的约束,更需要道德的教化。而通过生态文明建设进行生态道德文化教育,是提高全社会生态道德文化水准的最佳途径和方式。应当抓住这一良好机遇,在广大城乡居民中广泛深入地开展生态道德文化宣传教育,普及生态道德文化知识;特别要重视提高各级领导干部的生态道德文化水准;大力推进流域生态文明企业建设;加强流域生态道德立法,规范人们的生态道德行为;转变消费观念,倡导适合国情的合理适度消费;还要实行流域城乡居民生态自治,充分发挥民间环保组织的作用,并把生态道德文化教育与生态文明建设密切结合起来,以达到相互促进、事半功倍之效。

4.3.2 实现经济、社会、生态效益一体化

坚持基于生态文明的流域治理的价值取向,有助于促进经济、社会、生态效益的一体化,即保证流域资源的持久性、持续性和均匀性的利用效果,满足人民对流域生态环境和自然资源的长远需求,保证人们生存、劳动和游憩所必需的清洁的空气、宁静的环境等。流域治理坚持生态文明、环境友好、可持续发展的理念,统筹兼顾经济社会发展和生态环境改善,可以减少、避免流域治

理过程中的利益冲突,实现经济效益、社会效益和生态效益的均衡。在流域治理中,经济、社会、生态效益三方面是不可分割的。其中,生态环境是基础,只有良好的生态文明才会带来流域内的经济效益、社会效益,这是生态效益的功劳。同时,社会效益、经济效益为流域实现生态效益提供了物质保证。

生态文明建设与经济建设是须臾不可脱离的。离开生态文明建设单纯地去抓经济建设,不仅不会成功,反而会使经济建设远离既定的目标。同样,离开经济建设来谈生态文明建设,也不会有真正的发展。生态文明为经济发展提供良好的自然基础。经济建设如果离开了生态环境这一前提条件,就成为无源之水和无本之木。生态文明的建设离不开经济的建设,经济的建设为生态文明建设提供物质保障。建立在生态文明基础上的经济建设才更有利于实现人、自然、经济与社会的协调发展。如果我们在生态文明观的指导下,树立"保护生态环境就是保护生产力,改善生态环境就是发展生产力"的发展理念,那么在协调经济与生态的相互关系中积聚内部力量,谋求更大的经济效益是可能的。面对如今的环境困境,我们只有在生态文明观的指导下,改变传统的发展模式,努力实现经济与自然、经济与社会、人与自然的和谐、均衡和稳定的发展,努力促使经济建设与生态文明建设一体化,才能达到经济效益、社会效益、生态效益的统一,走出一条生产发展、生活富裕、生态良好的流域文明发展之路。

4.3.3 促进全面建成小康社会目标的实现

党的十八大提出的全面建成小康社会和全面深化改革开放的新目标是"经济持续健康发展,人民民主不断扩大,文化软实力显著增强,人民生活水平全面提高,资源节约型、环境友好型社会建设取得重大进展"。总的来看,我国物质文明建设成就卓著,然而,同物质文明相比,我国生态文明建设明显滞后,亟须加大力度、加快步伐。流域治理以生态文明、环境友好、可持续发展为价值取向,有利于全面建成小康社会目标的实现。一是有助于通过加强流域生态文明考核评价制度建设,改变唯GDP的观念,淡化GDP考核,增加生态文明建设在考核评价中的权重,把资源消耗、环境损害、生态效益纳入流域经济社会发展评价体系;二是有助于实施流域重大生态修复工程,增强流域生态产品生产能力,推进荒漠化、石漠化、水土流失综合治理,扩大森林、湖泊、湿地面积,保护生物多样性,维护流域生态平衡;三是有助于推进重点流域和区域水污染防治,推进流域生态环境改善,深化污染物防治,加强重金属污染和土壤综合治理;四是有助于全面促进流域资源节约。要节约集约利用资源,推动资源利用方式根本转变,加强全过程节约管理,大幅降低能源、水、土地消耗强度,提高资源利用效率和效益。我国人均能源占有量低,能源消费总量增长过快,消耗强度高。能源消费供需矛盾是我国经济发展的长期软肋,必须推动能源生产和消费革命,控制能源消费总量,加强节能降耗,支持节能低碳产业和新能源、可再生能源发展,确保国家能源安全。这将对我国流域生态环境的改善起到至关重要的作用,对于提高我国生态文明建设水平、全面建成小康社会是不可或缺的一个环节。

4.3.4 推动生产方式和生活模式的转变

将生态文明、环境友好以及可持续发展的价值取向与流域治理联系在一起,对于转变流域经济发展方式,调整优化流域产业结构,加快技术进步,有效降低能耗,促进流域经济增长模式由粗放型向集约型转变具有重要意义。这将使我国流域空间开发格局得到进一步优化,流域经济、人口布局向更加均衡的方向发展,资源利用更加高效。全面促进资源节约、循环、高效使用,推动利用方式根本转变。节约资源是破解资源瓶颈约束、保护生态环境的首要之策。深入推进流域经济在生产、流通、消费各环节大力发展循环经 ,实现各类资源节约高效利用。节约集约利用流域水、土地、矿产等资源，加强全过程管理，大幅降低资源消耗强度。加强流域用水需求管理，以水定需、量水而行，抑制不合理的用水需求，促使人口、经济等与水资源相均衡。加快建立流域系统完整的生态文明制度体系，引导、规范和约束各类开发、利用、保护自然资源的行为，用制度保护流域生态环境。严守资源环境生态红线，设定并严守流域资源消耗上限、环境质量底线、生态保护红线，将各类开发活动限制在流域资源环境承载能力之内。合理设定资源消耗"天花板"，加强能源、水、土地等战略性资源管控，强化能源消耗强度控制和总量管理。流域经济将朝着更加集约化、低碳化、效率化的方向发展。

此外，还可以推动人们启动绿色低碳环保生活方式，从生活的点滴中为流域生态环境改善作出贡献。生态文明建设关系各行各业、千家万户，每个人也都是生态文明建设的一分子。有利于充分发挥人民群众的积极性、主动性、创造性，凝聚民心、集中民智、汇集民力，实现生活方式绿色化。提高全民生态文明意识，积极培育生态文化、生态道德，使生态文明成为社会主流价值观，成为社会主义核心价值观的重要内容。培育绿色生活方式，倡导勤俭节约的消费观，广泛开展绿色生活行动，推动全民在衣、食、住、行、游等方面加快向勤俭节约、绿色低碳、文明健康的方式转变，坚决抵制和反对各种形式的奢侈浪费、不合理消费行为。每个人的绿色生活方式将会对流域生态环境产生潜移默化的影响。

第五章 基于生态文明的流域治理模式的内涵与框架

5.1 基于生态文明的流域治理机制的特点

我国流域众多,不同流域的集水面积、人口规模和经济发展水平存在明显差异,加之目前我国的生态文明建设是在经济发展尚不充分、不均衡,技术和资金制约较多等条件下进行的,推进基于生态文明的流域治理机制将是一个长期、复杂的政策演进过程。

具体的设想是在现有的流域治理以政府为主导的机制上,引入企业、第三部门等其他治理主体。各主体之间基于信任、规范而开展互动的合作,共同管理流域公共事务。它具有治理主体多元化、治理手段多样化和治理目标综合化等特点,如图5-1所示。

5.1.1 治理主体多元化

目前,我国流域治理是一种以政府为唯一治理主体的治理模式,在这种单一模式的影响下,流域治理缺乏统一性与权威性,同时也产生了社会发展、环境保护与经济增长的矛盾。造成这一问题的原因主要有两个:一是政府作为流域治理的主要力量,承担着流域生态文明建设的责任,而企业和公众作为流域资源的主要利用者和消费者,以利润最大化为导向,为追求经济利益而忽视了对流域资源的合理使用以及对流域环境的保护,缺乏参与流域生态文明建设的主动性,目标不同导致企业和公众无法与政府进行合作;二是我国目前关于市场和公众参与流域治理的法律法规

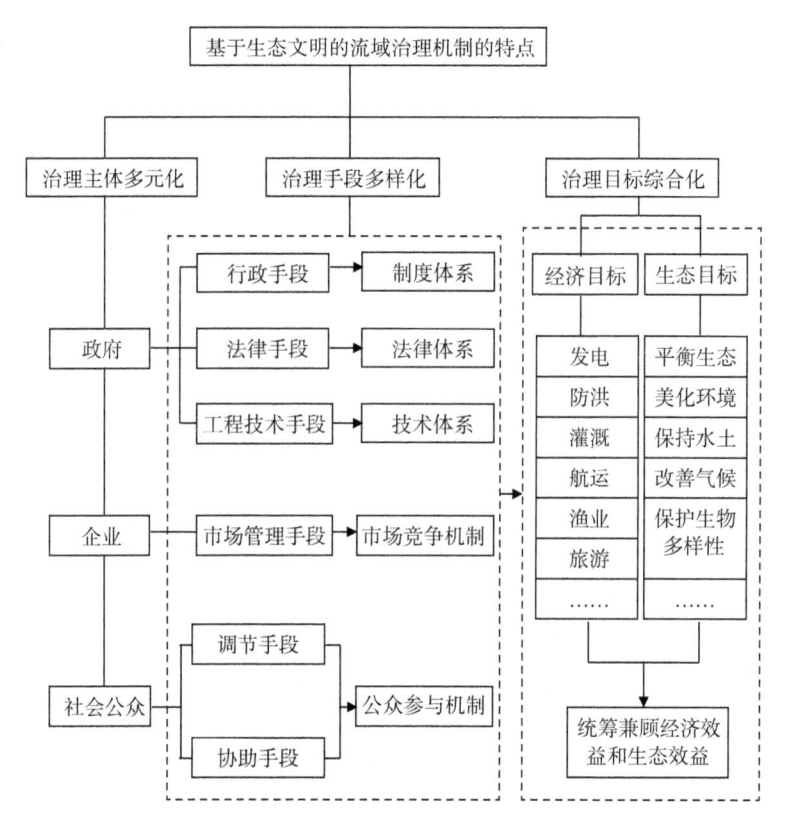

图 5-1　基于生态文明的流域治理机制的特点

以及管理制度尚不健全,政府也不愿意与企业、公众进行合作。

为解决流域治理主体单一性这个问题,政府必须从发展的角度出发,完善相关法律法规与管理制度,适当放权,追求一种治理主体多元化的管理模式;构建一个以政府为核心,企业、社会组织团体、公民多主体共同参与的管理机制,促进流域管理结构由垂直化向网络化的结构转变。

在面临相同流域问题的时候治理主体的多元化,可以从多角度提供解决思路,对于减轻政府治理负担,完善流域管理制度与体系,解决社会、经济与环境之间的矛盾有积极的作用。

5.1.2 治理目标综合化

目前,我国的流域治理目标过于单一化,一些水利工程或者流域治理都是以解决问题为主导思想。换句话说,只会解决眼前看到的问题,而不会对整体的发展进行考虑。为实现流域的长治久安以及获得更好的发展,各管理主体之间应该在公平、公正、互信的基础上合作,通过协商谈判,求同存异,制定综合性治理目标,在保障各主体利益的同时,实现流域发展与公共利益的最大化。总体而言,流域治理的目标主要包括经济目标和生态目标两方面,流域治理的最终目标就是统筹兼顾经济效益、生态效益,实现流域经济效益和生态效益的最大化。

(1) 经济目标

流域治理的经济目标主要包括发电、防洪、灌溉以及提高流域航运能力,发展渔业、旅游业等几方面。随着经济发展和能源短缺日益严重,水电作为清洁可再生能源,发电成本低、高效、灵活,具有广阔的发展前景。我国水能资源理论蕴藏量近 7 亿 kW,占我国常规能源资源量的 40%,是仅次于煤炭资源的第二大能源资源,我国是世界上水能资源总量最多的国家。根据勘测设计水平,我国水电有 2.47 万亿 kW·h 的技术可开发量。如果开发充分,至少每年可以提供 10 亿到 13 亿 t 原煤的能源。由此可见,开发水电可以有效改善我国能源结构,利用好丰富的水能资源是我国能源政策的必然选择。因此,在流域治理过程中,要因地制宜地修建水电站等水利设施,开发水电的同时还可以实现防洪、灌溉、供水、航运、养殖业和旅游业等综合经济效益。

(2) 生态目标

流域治理的生态目标主要包括平衡生态、美化环境、保持水土、改善气候、保护生物多样性等几个方面。通过流域生态环境综合治理,逐步改善与修复流域生态环境存在的主要环境问题,保障流域人民群众的宜居生存环境、生产环境，使流域工业污染源、城镇生活污染源及农村面源污染得到全面治理和控制，历史遗留污染治理取得重大进展，流域水体水质、土壤环境、大气质量、生态环境质量等得到有效改善，饮用水源保护区水质得到充分保证，污染事故得到控制，安全隐患基本解除，流域生态环境状况得到根本好转。此外，通过流域生态环境综合治理，促进全流域在经济发展中积极应对气候变化控制要求，逐步调整产业结构，发展绿色经济、低碳经济等，控制温室气体排放，增强适应气候变化能力。

5.1.3 治理手段多样化

在治理主体多元化的前提下，由于各治理主体承担的职责不同、权利不同、地位不同，各主体之间形成了一种错综复杂、相互关联的网络关系，从而有利于形成一种治理手段多样化的管理模式。

从政府角度出发，主要采取强制性的行政手段、法律手段以及工程技术手段。通过完善行政区内和跨行政区的流域治理规划制度体系、建立健全从国家层面到地方层面的流域治理法律法规体系，为流域治理提供制度保障和法律依据，妥善处理流域水土资源开发与生态文明建设的关系。同时通过政府具体的政策、文件、通知、法律条例，限制流域治理主体的治理措施，保障流域治理主体的权益。此外，政府还要利用自己的行政职权，引导相关专家、学者加强对生态治理技术、生物治理技术、工程治理技术、社会经济治理技术等相关流域治理技术的研究与改进。在流域治理过程中，由单项治理技术措施向综合治理措施转变，加快流域生态结构和经济结构的调整优化，不断提高水土资源的永续发展利用率，遏制水土流失的蔓延，实现流域植被和生态的全面恢复与重建。

从企业角度出发，主要引入市场管理手段。在行政手段的指引下，根据《防洪法》《水土保持法》《水污染防治法》《水文监测环境和设施保护办法》等有关法律和规章,引入市场竞争机制。在治理过程中,将单一的宏观治理目标分解成多项微观治理目标。根据《招标投标法》,放宽准入条件,将政府承担的宏观治理目标分担给企业,建立科学、合理、有序的资源流转制度和生态环境补偿制度,如流域资源产权交易、排污权交易、环境税费改革、污染责任险、生态补偿等。根据流域产业规划,有序推进流域资源科学、合理开发和利用。

从社会组织角度出发,主要采取"调节""协助"的管理手段。社会组织要充分发挥其在力量整合、沟通合作、意见表达、监督约束、宣传教育等方面的功能,建立健全公民参与机制,为其他流域治理主体拓宽参与流域治理的途径,向政府部门传达社会公众对流域发展的期许、意见和建议,主要起到调节和协助的作用。通过社会组织"调节"和"协助"的管理手段,可以优化流域治理的模式与路径,保证各主体之间和谐与共同进步。

5.2 基于生态文明的流域治理机制的基本框架

基于生态文明的流域治理模式的基本框架是分层治理与伙伴治理的有机结合,如图5-2所示。下面将对分层治理、伙伴治理进行详细介绍,然后说明在流域治理过程中如何将分层治理与伙伴治理紧密结合在一起。

5.2.1 分层治理

分层治理指的是,按照流域管理的统一要求,政府和流域管理机构负责制定、执行以及监督流域开发规划和流域治理的制度、政策,不同行政区政府和职能部门根据流域区域的功能定位以及流域发展的整体目标承担流域治理的责任。

(1) 强有力的流域统一管理

将可持续发展原则转变为具体行动,就必须实行水资源统一

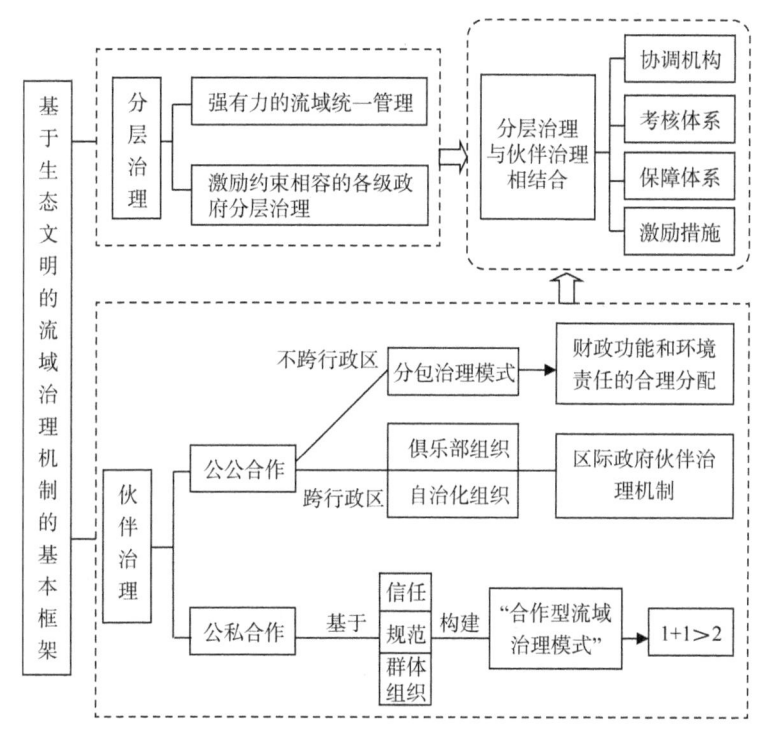

图 5-2　基于生态文明的流域治理机制的基本框架

管理,这已成为一种世界性的趋势和成功模式。在当前我国以科层治理机制为主导的制度框架下,针对流域水资源和水环境分割管理的格局,要进一步完善流域水资源保护和水污染防治协调机制,将流域水资源开发利用与环境保护、维持生态平衡等方面结合起来,改变条块分割的管理方式,"建立事权清晰、分工明确、行为规范、运转协调的水资源管理工作机制"。

(2) 激励约束相容的各级政府分层治理

在流域统一管理基础上探索政府分层治理模式,就是要建立起以主体功能区划为依据、以行政区为单元、以财权与事权匹配为取向的流域分层级治理体制及其运行机制。中央与地方政府逐步由命令控制为特征的垂直、单向管理体制转变为伙伴型政府间双向互动关系。中央政府以区域生态质量作为目标导向，在目前以强制性、约束性为主的政策框架基础上引入激励约束相容的经济政策工具，摆脱"财权上收、事权下放"的权责背离格局，激发地方政府流域治理的自觉性和积极性，提升地方政府流域生态服务的供给能力。对于跨省的大江大河由中央政府相关部委与流域区内省级政府共同治理，对于跨市不跨省的流域水资源管理和水环境治理由省级政府来承担。在省级政府对流域统一管理的基础上，各个层级的市、县、乡等行政区分别以环境保护责任制为基础，实行行政区分包治理。一定区域的地方政府有职责维护属于本地区的水环境资源利益和经济社会利益。

5.2.2 伙伴治理

伙伴治理是指多元治理主体在自愿平等、信息互动和信任合作的基础上，通过协议等方式构建目标趋同、行动协调、互赖互补的网络治理关系。伙伴治理有两层含义，第一层是不同层级、不同管辖区域政府和职能部门的伙伴关系。同一流域内各层级、各区域政府和职能部门应该摒弃"各人自扫门前雪，莫管他人瓦上霜"的思想，以全局为重，建立科学合理的合作协商机制，保障流域整体的发展。第二层含义是，政府应注重利用激励性政策，鼓励企业、社会组织团体、公众通过民主协商机制，参与流域开发、流域环境保护等工作中去，建立多边的工作伙伴关系，实现外部效应内在化。

(1) 公公合作的伙伴治理

生态环境质量的供给属于财政资源的配置范畴，流域不同层级的政府之间应该合理分配财政功能和环境责任。如果流域局限在某个行政区域的范围内，那么流域生态治理政策应该由本级政府制定，从而形成行政分包治理模式。如果流域跨越省、市级行政区界，就要建立流域跨界的利益协调机制。国际上主要有两种模式:一是俱乐部组织,由中央政府、上下游政府和公众代表组织的流域协调委员会,主要发挥政策建议、利益协调等职能;二是自治化组织,由上下游政府签订流域水环境保护协议等区际行政契约,通过区际生态补偿实行利益协调。对流域区际政府间的博弈分析表明,在短期内如果没有一个机制约束,双方就会陷入非合作的博弈,最终难以达到帕累托最优。因此,建立俱乐部组织和自治化组织的区际政府伙伴治理机制,必须完善参与约束和激励相容约束机制的设计,让利益相关者参加环境协议,防止"搭便车"和偷懒行为。

(2) 公私合作的伙伴治理

构建政府、企业和社会组织等多元主体间的"合作型流域治理模式",充分发挥各主体的资源、知识、技术等优势,实现"整体大于部分之和"的治理功效。信任是多元主体合作的前提,规范是实现流域治理方式多样化的保障和政府实施流域生态服务的制度基础,群体组织等网络关系是实现多元主体治理的载体。民间性环保组织、行业自律性组织以及公民参与能促进社会信任,它们都是具有高度生产性的社会资本,通过合作网络可提高治理效率。因此,要大力发展民间性环保组织和行业自律性组织,这是推动公私合作的关键。

5.2.3 分层治理与伙伴治理相结合

(1) 设立权威的流域协调机构

近几年,我国有的流域在治理中设立了流域水环境综合治理领导小组,定期召开流域水环境综合整治联席会议,形成以分管副省长为组长、环保部门为主体、相关职能部门配合的运行体制。这一组织成本较小的机制创新,依靠省级政府的行政权威,在一定程度上理顺了涉水部门和各行政区的"责权利",促进了科层体制的"碎片化"缝合,但是它没有突破流域水资源保护和水环境防治的分割体制。因此,成立由涉水职能部门、流域各行政区政府、专家和公众代表参加的流域协调委员会，负责制定、指导执行和检查监督流域综合开发规划，对于促进在流域水资源保护和水污染防治中涉水部门的分工合作，协调解决流域行政区际的生态矛盾，着力解决流域水电站无序开发、上游地区畜禽养殖过度发展等突出问题，逐步由当前的末端治理模式转变为预防性治理模式，加强对流域水资源综合开发、利用和水污染防治的统一管理，具有重要意义。

（2）规范行政分层治理的考核体系

目前以行政区节能减排总量控制和行政区际水质达标为考核内容的行政首长环境责任制，初步形成了垂直、单向的行政分包治理格局，有效遏制了流域水污染加剧的势头，但是区域经济发展与环境保护的矛盾依然突出。因此，需要深化行政分层治理，将环境监督范围延伸到全流域，推进"河长"责任制，建立激励约束相容、双向互动的市县乡村分层治理体系。全流域"河长"由分管副省长担任，流经的各市、县（区）、镇、村分别设立市、县（区）、镇、村四级"河长"管理体系。这些自上而下的"河长"实现了对区域内河流的"无缝覆盖"，强化了对全流域水质达标监管的责任。既要规范不同层级政府间的环保目标责任考核制度，推动经济发展方式转变，确保实现上级政府下达的节能减排目标，又要完善"以奖促治"、"以奖代补"和"以奖代投"等激励性政策，引导各级政府共同推进城乡环境综合整治。

（3）建立健全流域治理制度保障体系

以流域协调委员会为载体，就流域的防洪调度、生态补偿、重要水利工程建设、重大投资项目等事宜进行磋商和谈判，规范流域治理的决策、执行、监督等相关程序。在民主协商机制下对用水、环保等合约以及违约惩罚等方法作出决策，通过长期合作的动态博弈增加相互间的激励和约束机制，以逐步弱化地方和部门保护主义。建立激励与约束并存的机制，使区际政府间的博弈由非合作转向合作。不仅要完善生态预防性治理中下游受益地区对上游生态建设区的经济补偿机制,而且要关注流域水资源综合开发中跨界生态环境破坏所引发的上游对下游的经济赔偿,实现流域区际生态利益与经济利益的均衡。加快建立流域突发危机应急处理机制,加大信息采集力度,实现水文信息数字化、互相传输网络化、信息发布规范化、信息资源共享、先进技术共用的流域区内协作目标,完善水污染损失的测定以及争端处理原则、程序、方式等。

(4) 完善流域治理的自愿性激励措施

改革生态公共服务供给模式,既要推行政府生态购买,又要鼓励社会资金参与流域生态治理和环境保护,提高市场化生态公共服务供给的水平和质量。主要包括:通过税收减免、差别电价、绿色信贷等优惠政策,引导企业参与环境质量标准等激励性自我约束活动;大力发展低碳技术,促进排污企业进行技术改革,开展清洁生产和循环经济,构建生态工业园;在流域生态公益林建设和城市污水、垃圾处理等领域引入市场机制,发展服务外包,运用市场手段确保生态服务的有效供给;通过项目带动,以农民专业合作社为载体,引导农民大力开展测土配方施肥和新技术运用,减少农业面源污染,有条件的地区可以借鉴国外发展农村环境合作社的经验,建立农村环境保护的伙伴治理机制。

5.3 基于生态文明的流域治理框架的意义

(1) 促进流域的生态文明建设

基于生态文明的流域治理模式,以生态文明、可持续发展、环境友好为价值取向,通过分层治理与伙伴治理的结合,构建一种治理主体多元化、治理手段多样化和治理目标综合化的流域治理机制,形成一种网络型的管理模式,充分发挥各主体的主观能动性,增强流域治理主体的生态意识和危机意识,对于调整流域产业布局、转变流域经济发展方式、优化流域产业结构、促进流域经济增长模式由粗放型向集约型转变、促进流域的生态文明建设发展有着积极的意义。

(2) 平衡多元治理主体的利益

在流域治理过程中,政府、企业、社会公众合作的基础是存在着共同利益。每个流域治理主体都是利益最大化的追求者,在合作过程中容易出现"搭便车"的现象。各主体间的矛盾频发,不能实现持续的合作。在这样一种流域治理框架下,通过设立权威的流域协调机构、规范行政分层治理的考核体系、建立健全流域治理制度保障体系、完善流域治理的自愿性激励措施,将分层治理与伙伴治理紧密结合在一起,促进流域治理主体由竞争博弈向合作博弈转变,能够最大程度上达到流域治理的帕累托改进,同时达到治理机制的激励与约束相容,防止"搭便车"和偷懒行为的发生。

(3) 实现区域一体化

流域治理要面对和适应瞬息万变的现代社会,在网络时代建立应急机制和明确权责,激励中央、地方政府和企业、社会组织等联手应对危机。从网络治理角度监测风险点和反馈信息,及时关注舆情民意,吸纳网民的智慧和能量,实现多方位的参与。基于生态文明的流域治理框架契合中国国情,对于实现区域协调、部门合作以及流域治理主体适应信息化环境、树立共同政策目标、平等交流沟通、超越层级解决问题、促进区域一体化具有深远的意义。

第六章 基于生态文明的流域治理模式选择

6.1 流域治理模式概述

所谓流域治理,就是以水循环为核心的自然资源管理,它与政府的行政区域管理有显著的不同,流域治理涉及的部门和利益相关者众多。所以,流域治理的主要途径是建立起各利益相关方参与、协调的机制,为各地区、各部门和各利益相关者建立起参与、协商和交流的平台,对重大涉水项目的规划、建设、运行、管理的全过程进行监督,保障各利益相关者能够参与、信息交流和利益补偿。

由于各国的历史文化传统、政治经济制度以及流域具体情况不同,各国的流域治理模式呈现出不同的特色。在流域治理体制上,既有对流域进行统一立法的,也有以单条流域为对象立法的;在流域治理机构设置上,既有集中统一的模式,也有合作性质的流域治理委员会。总的来说,世界各国流域治理模式呈现以下发展趋势:从单一的污染控制转向综合治理、注重流域治理的依法治水、建立集权与分权相结合的治理体制、充分发挥利益相关方对流域治理的参与、利用市场机制实施流域水污染防治。

我国1988年的《水法》中规定:"国家对水资源实行统一管理与分级、分部门管理相结合的制度。国务院水行政主管部门负责全国水资源的统一管理工作。国务院其他有关部门按照国务院规定的职责分工,协同国务院水行政主管部门,负责有关的水资源管理工作。"概括起来就是分级、分部门的区域水资源管理模式。十几年的实践证明,这种管理模式存在一些弊端,主要表现为:在水资源开发利用中重开源、轻节流和保护,重经济效益、轻生态与环境保护,水资源管理制度不完善,影响了水资源的合理配置和综合效益的发挥。针对以上问题,2002年我国对《水法》进行了修订,原来的"国家对水资源实行统一管理与分级、分部门管理相结合的制度"修订为"国家对水资源实行流域管理与行政区域管理相结合的管理体制",概括起来就是流域管理与行政区域管理相结合的模式。

本章节通过对国内外主要流域治理模式进行探讨,研究适合我国新时期实际情况的流域管理模式。

6.2 国内外主要流域治理模式

由于流域生态系统的复杂性和多功能性,根据发达国家流域治理的普遍经验,为实现我国流域生态文明这一目标,必须采取科学、有效的治理模式。综合国外与国内的流域管理实践,目前主要有三种管理模式:直接管制治理模式、市场治理模式和协商治理模式。

6.2.1 直接管制治理模式

(1) 直接管制治理模式的定义

所谓的直接管制治理模式就是指政府主导型治理模式,这种治理模式强调以政府强制力为基础,依靠政府的这一特点以直接管制的方式对流域的相关行为进行约束和调节。直接管制治理模式是西方最早采用的流域治理模式,目前这种模式在与市场治理和协商治理两种模式的配合运用下,使流域治理取得了显著性的效果。直接管制治理模式主要采用行政和立法两种手段。

(2) 直接管制治理模式的优点

政府直接管制是一种有效的流域治理模式。如果善加使用,既可以弥补市场的不足,维护市场经济的健康发展,又能保障流域各部门的合法权益,为社会提供所需的公共服务。总体而言,直接管制治理模式的优点主要体现在政府管制的经济性功能和社会性功能两方面。

政府管制的经济性功能。前面已经提到水资源是发展国民经济不可缺少的重要自然资源,具有经济性、伦理性和自然垄断性,导致流域治理具有较强的外部性,是政府管制的重点领域之一。以政府为主导,在流域治理过程中采取直接管制的方式,充分发挥政府的宏观调控作用,方便在流域治理的过程中对流域水土等自然资源进行有效管制以及流域区域的人力、物力、财力等社会资源的有效整合,及时、快速地解决外溢成本、信息不完全、过度与恶性竞争等流域相关问题,避免流域经济发展以牺牲流域生态环境为代价。

政府管制的社会性功能。实现社会性目标是政府管制存在的重要理由之一。为实现特定社会目标,政府会以牺牲部分市场效率为代价,实现社会效益最大化。市场机制可以促进社会总福利的增长,但无法实现社会福利的帕累托最优状态。此外,流域安全、环保等一系列社会价值的实现也不在市场的能力范围之内。政府以公共利益代表的身份出现,介入社会再分配过程,实现社会福利的帕累托最优状态;相关部门因为信息不对称、利益得不到保障,政府作为流域治理的主导,协调不同部门、地区之间的利益分配,避免因利益冲突影响流域治理工作的开展;政府运用强制性的行政手段和立法手段,促进生态环境的改善,维护社会发展的可持续性,是解决环境污染、生态失衡等问题的保障。

(3) 直接管制治理模式的缺陷

政府管制是流域治理的治理工具之一,政府管制的目的在于提高流域经济效益和社会效益,实现经济性功能与社会性功能。

但政府管制并非万能,如果管制的目的得不到真正实现,就可视为管制失灵。一般情况下,政府管制失灵是由立法失误或执行不力导致的。政府管制失灵在流域治理过程中主要表现在流域相关立法、规划等的不科学性、不合理性,流域治理过程中相互推诿、"搭便车"现象严重。

采用直接管制治理模式,从纵向来看,流域管理相对集中,流域治理主要还是由政府负责,这种集权性的管理方式致使流域管理效率下降;从横向来看,流域治理根据不同职责分摊到各政府部门进行管理,虽然在一定程度上可以体现运转灵活、管理弹性大的优点,但由于管理部门众多,容易造成职能分工不明确,工作重复交叉,部门之间难以协调等问题。

6.2.2 市场治理模式

(1) 市场治理模式的定义

市场治理模式是国外发达国家常用的一种流域治理模式。这种模式主要是指在政府指导的前提下,政府应尽量减少对流域的干涉,依靠市场自己的调控和调节能力,为解决流域治理问题提供帮助。市场治理模式主要采用市场经济手段。例如,对于污染排放的企业采取"谁污染,谁罚款"的措施,将罚款作为治理水体污染的资金来源;还可以采取美国的田纳西河流域管理局"以电治水"的措施,即利用流域发电收取电费的方式,通过流域水利工程建设,拓宽流域生态文明建设的经费来源。

(2) 市场治理模式的优点

完善流域市场体制建设,拓宽流域治理的资金来源。在直接管制治理模式下,流域治理的资金主要来自政府财政拨款,资金来源单一,不能为流域治理提供充足的资金保障。采用市场治理模式,完善流域市场体制建设,呼吁企业组织参与到流域治理中来,并成为流域治理的主体,有利于拓宽流域治理资金来源渠道,减轻政府在流域生态文明建设中的经济负担。同时流域内的相关治理企业也能够从中获益，从而促进政府组织和企业组织的长久合作。

发挥经济杠杆的调节和推动作用，优化流域资源配置。经济杠杆（Economic Lever），是在社会主义条件下，政府利用价值规律和物质利益原则影响、调节和控制社会生产、交换、分配、消费等方面的经济活动，以实现国民经济和社会发展计划的经济手段，包括价格、税收、信贷、工资、奖金、汇率等。在流域治理中，充分发挥经济杠杆的调节和推动作用，建立健全流域资源产权交易、排污权交易、环境税费改革、污染责任险、生态补偿等。通过对流域资源的有偿使用与污染赔偿等措施，提高流域资源的利用率，有利于流域生态环境的改善。

（3）市场治理模式的缺陷

流域治理的社会公平性得不到保证。由于市场发育不完全，供求机制、价格机制、竞争机制等市场体制尚未健全，市场片面性较强、交易成本过高，过于依赖市场治理模式容易导致市场垄断、不公平竞争，偏离资源配置和收入分配的理想状态，使流域治理的社会公平性失衡。

市场调节具有自发性、盲目性、波动性和外部性。由于市场经济的不确定性，市场可能会发出错误的信息，如果只依赖市场进行流域治理，容易导致流域经济发展失调。此外，流域水资源、生态环境属于公共产品，以利益为驱动的市场不能很好地改善流域生态环境，需要政府出面进行调节。

6.2.3 协商治理模式

（1）协商治理模式的定义

协商治理模式强调的是一种"参与"的治理模式，即公民、社会组织团体参与到流域公共事务中来。流域内各利益主体通过投票表决制度、定期开放会议制度、听证会制度、流域信息公开制度及取水、排污制度等参与流域治理。流域管理机构通过设立调查咨询机构了解民意,流域机构的组成体现公共参与,民选流域管理委员会成员,建立流域多层对话机制。总之,通过建立各种平台推动流域公众了解流域事务并且参与流域管理事务。

(2) 协商治理模式的优点

目前,协商治理模式已经成为各国主要的一种治理模式,例如:英国泰晤士河流域水污染治理注重公众参与,每个区域都有消费者协会参与水资源管理;美国、加拿大边境的五大湖流域水污染治理有赖于民众自觉与管理,将公众吸引到水资源保护工作中。协商治理可以说是一种治理手段,也可以说是一种治理理念。通过这种治理模式对政府治理和市场治理进行补充,有利于促进流域问题得到更为全面、更为合理的解决。

(3) 协商治理模式的缺陷

协商治理容易导致治理目标的差异化和权责边界的模糊。协商治理模式下,强调企业、公民、社会组织团体的参与,而各个主体都是利益最大化的追求者,不同的治理主体可能具有不同的利益诉求。此外,协商治理强调政府与社会组织的相互依赖关系,这在一定程度上使政府与社会、公共部门与私人部门之间的权利与责任边界存在着模糊性,容易导致寻租现象的产生。

协商过程纷繁复杂,效率低下。协商治理模式需要建立健全相关制度保障,如投票表决制度、定期开放会议制度、听证会制度、流域信息公开制度及多层对话机制等。协商治理模式下,需要了解社会各界多元化的需求,并促使其达成一致。这一过程需要很长的时间,不能及时、迅速地解决流域相关问题。

6.3　流域治理最佳模式必备条件

流域最佳治理模式必须具备四项核心要素——系统性、资源环境承载性、协调性和可持续性,这也是流域治理最佳模式的约束条件和应遵循的基本规范。只有逐渐满足了这四项条件,才能由低效传统模式向高效最佳模式靠拢。

下面分别对这四条规范的基本内涵、规范要点,对最佳治理模式的功能等方面进行较深入分析。

6.3.1 系统性

流域是一个有机联系的复杂系统,流域治理是一个完整的系统工程,必须坚持和贯彻系统把控运筹的思想。系统性观点要求正确认识和处理整体和局部之间密切联系、不可分割的关系,主要体现在以下几个方面。

(1) 流域与地质层面

制定系统化的流域水文地质政策,统一整个流域系统内与水文地质相关的法规,各项法规、政策、发展规划应适应本流域发展的地理特征。流域系统内的资源作为一种自然资源、环境资源,其形成和运动具有明显的地理特征,以流域或水文地质单元构成一个统一体。

(2) 资源层面

各项法规、政策间必须妥善处理水资源与矿产、土地、森林等其他自然资源的关系,必须积极挖掘流域资源的"系统级"联动潜能,保护地表水和地下水之间相互转化,用系统化的制度进一步明确、协调上下游、左右岸、干支流之间的资源配置和利用关系。

(3) 功能层面

在流域内实行统一规划、统筹兼顾,制定系统化的水功能利用开发指导方针和资金投入导向政策,挖掘发电、灌溉、航运等方面的功能。在统一的体系性制度内规范这些功能及其相互联系,更好地发挥水资源的综合效益。

(4) 技术层面

对流域系统的治理和管理要根据其自然地理条件和社会经济条件,设计综合的方案,发挥水土保持措施的综合效能。系统性地积极投入、引导流域综合治理采用实用技术,制定有关法规与政策,保护技术投入的回报与技术研发的积极性,并科学合理地评价技术成果的实用价值。

（5）区域发展层面

流域治理的过程也是一个流域系统内社区和群众实现可持续生计的过程。可持续生计的建设需要从支持生计的5大基本资本(自然资本、社会资本、人力资本、物质资本、金融资本)入手,科学合理规划各个发展项目,通过替代生计手段,实现区域可持续发展的目标。

基于系统性要求,流域治理必须制定与完善相关法规、政策、方针等关键文件,健全管理体制,抓住结构性矛盾的重点,分清治理目标根源性问题的主次,理顺治理程序,综合各个要素,使总体效果达到最佳。而中国现行的流域管理体制,存在许多非系统性的弊端,这就要求克服以下矛盾：

① 属性上——中国现行流域水环境和水资源管理体制是一种双重管理体制。这种水资源管理和水环境管理并行的双重管理体制,割裂了水资源的生态属性和经济属性。

② 部门上——中国现行的流域水资源和水环境管理体制是一种"多龙治水"的管理体制,即负责监督管理职能的与水有关的部门,包括从中央到地方的环境、交通、水利、卫生、市政、地质矿产等几乎所有部门。这种管理体制割裂了水资源开发利用和水环境保护的"系统级"的内在联系。

③ 体制上——中国现行的流域水资源与水环境管理体制是一种以行政为主的管理体制。这种管理体制从整体上人为地割裂了水资源的系统性,并且无法避免地方保护主义。

鉴于流域治理中普遍存在的系统性特点,面对中国现行流域管理体制存在的上述弊端,必须同时兼顾生态价值和经济价值的双重属性,统筹考虑工作方法与发展思路的系统性,走资源整合的"系统级"治理、管理道路。

6.3.2 资源环境承载性

资源环境承载力是流域治理模式构建和运行的前提和基础。这一规范要求人们必须以资源环境的承载能力为约束条件,在资源的管理、配置上找到最优化的管理模式,使资源的效益达到最大。具体应从以下相关层面做好工作。

(1) 法律层面

必须制定国家与地方性的法律并完善现有的专业领域性法律(如《水土保持法》《环境保护法》《循环经济促进法》等),有关法律的制定与完善必须着眼于尊重市场经济的配置功能和规范资源市场,重点是引导资源开发的有效性及资源使用的可重复循环性,把资源保护的重点放在稀缺性的代价付出上,结合市场经济中资源稀缺性支配价格配置的功能,积极高效利用资源。

(2) 经济层面

政府应发挥关键性的引导职能,把资源的有效配置和利用问题纳入资源定价与开发者经济投入产出比上,利用该定价积极合理使用资本追逐利润的根源性,引入国家、集体、民间资本甚至外资,调动市场基于价格机制的资源配置功能。

(3) 政府层面

设置好流域发展的资源环境承载能力极限值以及协调好与此相关的利益,保护好弱势人群的利益,并把相关工作纳入政府绩效考核中。政府政策的改进,不能一味追求管理模式配置上的最优化,而应该平稳地降低政策改革所带来的风险。政府只有在保持政治稳定的环境中,才能有效、持久地使资源效益达到最大。

(4) 方针层面

资源环境的承载力是可持续发展的边界,它能更好地反映流域水土流失等流域资源环境问题的本质,改善了资源环境承载力才能从根本上治理好流域水土流失等问题。因此,流域治理模式的指导纲领、方针必须放在改善资源环境的承载力上。

(5) 科学技术层面

流域治理是一项复杂的系统性工程,必须加大科学技术的投入,如现代生物技术、遥感技术、信息采集与通信技术等等。此外,政府及各有关部门要本着尊重科学的态度,学习、引导、使用这些先进的科学技术。

6.3.3 协调性

社会经济协调性是流域治理模式实施的根本任务。以治理促发展、促协调、促转变,是流域治理的根本任务。促使流域实现协调可持续的发展,必须关注下面几个方面的问题。

(1) 发展方式转变方面

全面理解流域可持续发展的内涵,坚持以人为本、全面协调的可持续发展观。

(2) 社会利益方面

流域治理最佳模式必须满足全社会最广大人民群众的利益需求,各项治理措施应以最广大人民群众的利益为重。

(3) 政策合理性方面

社会、经济利益需求与当地流域治理模式的执行方法相互交织,是和谐互补关系。因此政府政策的制定应着眼于加快建设资源节约型和环境友好型社会,发展循环经济,高效利用资源,保护生态环境,促进流域经济发展与人口、资源、环境相协调。

(4) 实用科技方面

努力提高科技水平的政策性导向,大力推广和普及先进适用技术,在流域治理管理实践中加快运用高新技术特别是信息技术,增强科技的自主创新能力,为流域治理提供强有力的技术支撑。

(5) 舆论导向方面

政府及有关机构,要完善流域治理工作的长效宣传体制,与舆论界保持密切的沟通,争取最广大的舆论支持,营造全社会投身流域治理的氛围。

6.3.4 可持续性

由于流域资源的稀缺性,流域治理最佳模式必须是可持续的治理模式,其内容包括适应经济可持续发展、社会可持续发展、生态可持续发展,其核心是改善并适应经济社会和人口资源环境的协调可持续发展。

(1) 可持续性的体制方面

为保证治理模式的可持续性,必须建立健全完备有效的制度性体系。在治理过程中,不断调节管理与治理制度,以适应新的状况,确保在发展的同时,缓和、减少利益主体之间的经济、环境利益矛盾和纠纷,始终保持和维护稳定的治理环境。

(2) 小流域功能的和谐性方面

流域治理模式可持续性必须体现在能够正确处理人与资源环境之间关系的各项政策中,政府制定的政策与所建立的市场经济体制,应能有效协同人与自然的和谐共生属性,这是流域可持续开发的核心。

(3) 政策改进的稳定性方面

政策的稳定是流域治理最佳模式的基础。若基础不稳,则无法满足未来的流域治理的需要。

(4) 流域环境方面

建立和提升流域系统内资源环境恢复及管理保护体制,用完整的体制、制度来提升资源环境承载力,确保实现流域内环境资源可持续性和优化配置,从根本上保障流域系统内环境资源可持续利用目标的连贯性,并不断协调理顺流域治理方式。

6.4 流域治理的最佳模式——综合治理模式

6.4.1 综合模式的概念

通过对直接管制治理模式、市场治理模式和协商治理模式的分析，结合我国的政治、经济形势以及流域特点，基于生态文明、环境友好、可持续发展的价值取向，流域治理模式应该选择一种综合治理模式，即以政府直接管制治理为主导，市场化治理与协商治理为辅助的综合性治理模式。这种治理模式注重水生态的维系、重视水污染的防治、强调水景观建设、着力开发水文化、确保水安全等，在治理过程中，综合运用行政、法律、经济等多种手段，如图 6-1 所示。

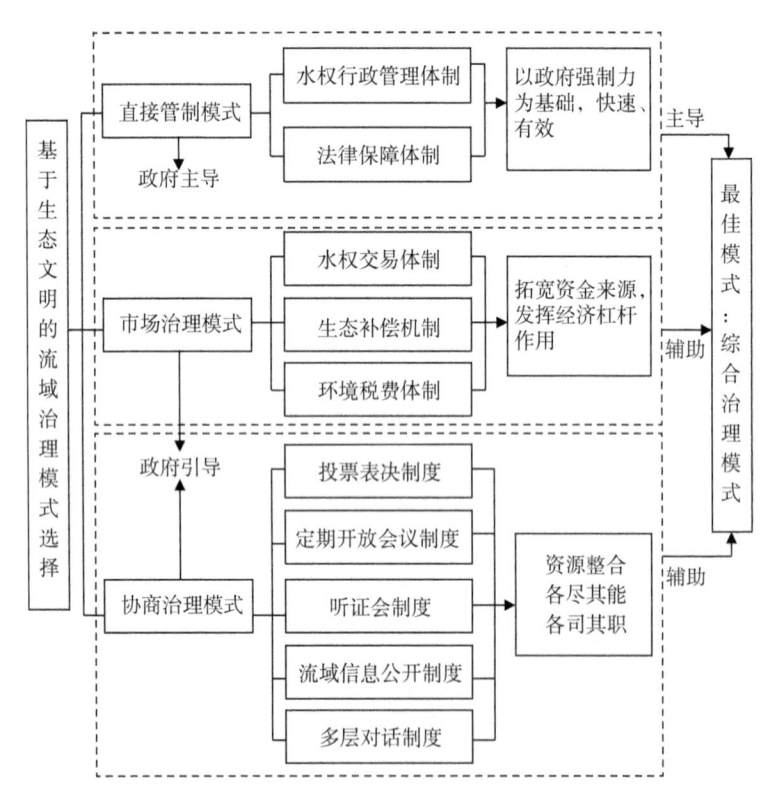

图 6-1 基于生态文明的流域治理模式选择

6.4.2 采取综合治理模式的原因

(1) 依法治国的基本要求

我国是一个法治国家,没有规矩不成方圆,流域治理应该在一定的法律法规的约束下,按照一定的规律有序地进行,以减少治理行为的盲目性和随意性。因此流域生态文明建设,必须建立健全流域治理相关法律法规,把法律作为流域生态文明建设的重要手段之一。

(2) 以人为本的本质要求

我国是一个民主国家,流域的生态文明建设也该从"以人为本"的角度出发,充分考虑公众和社会对于流域建设的意见,把协商治理模式纳入流域治理模式之中,推动公众了解流域治理,提高公众对于流域生态环境保护的自觉性。同时,协商治理模式的辅助作用也可以使我国在建立流域治理政策、规划流域治理体系时,获取各治理主体的利益诉求,从而使相关决策、体系更为完善、更为合理。

(3) 社会主义市场经济的要求

我国是一个社会主义市场经济国家,在社会经济发展过程中需要将政府这双"有形的手"和市场这双"无形的手"紧密结合在一起,发挥政府管制和市场调节的优势。在流域治理过程中,如果仅依靠政府管制进行治理,容易导致管制失灵;如果仅依靠市场治理,则又容易导致市场失灵。因此,需要将政府管制与市场治理结合起来,并呼吁社会团体组织参与到流域治理中,就流域治理相关事项进行民主协商。

(4) 流域自然地理情况的要求

我国大多数的河流跨越不同的区域,即河流的上中下游分属不同的行政区域。不同行政区域的社会经济发展是相对独立的,而流域是一个完整的生态经济系统,在流域治理过程中,需要上中下游不同层级的政府以及政府与企业、社会组织进行协商合作。流域的跨区域性要求我国流域治理采用以政府直接管制治理为主导、市场化治理与协商治理为辅助的综合性治理模式,以保障流域各个区域、各个部门的利益不受损害。

6.4.3 采取综合治理模式的意义

(1) 保障流域生态文明建设的资金需求

流域生态文明建设是一项复杂的系统性工程,需要大量的资金投入,单凭政府部门的力量是远远不够的,需要动用市场经济加以辅助。引导社会各界参与到流域治理中,拓宽流域治理的资金来源,可以起到事半功倍的效果。如政府通过流域开发项目拨款、允许发行企业债券筹集资金、实行免税和低税政策等。

(2) 实现流域经济效益、生态效益、社会效益三赢

流域治理的目标涉及经济、生态、社会各个方面,关系到企业、公民等不同主体的利益,不同目标之间以及不同主体之间可能会相互冲突。采用以政府管制治理为主导、市场化治理与协商治理为辅助的综合性治理模式,统筹兼顾流域经济、生态、社会发展目标,促进不同利益主体之间的协商合作,减少、避免流域治理过程中的目标和利益冲突,对于实现流域经济效益、生态效益、社会效益三赢具有重要的作用。

(3) 有利于流域管理与行政区域管理的有效结合

2002年修订的《水法》第十二条提出:"国家对水资源实行流域管理与行政区域管理相结合的管理体制。国务院水行政主管部门负责全国水资源的统一管理和监督工作。……县级以上地方人民政府水行政主管部门按照规定的权限,负责本行政区域内水资源的统一管理和监督工作。"采用这种综合性的流域治理模式,以政府为主导,企业、社会组织参与其中,有利于将流域的整体利益与行政区域的局部利益紧密联系在一起,实现流域管理与行政区域管理的有效结合。

第七章 基于生态文明的流域治理路径选择

7.1 基于生态文明流域治理的总体思路

7.1.1 基于生态文明流域治理的总体要求

(1) 流域与行政区域相结合

流域通常跨越不同的行政区域,因此在流域治理过程中,不能将流域与行政区域分离开来,而应当将二者密切地结合起来,形成一种和谐关系。流域与行政区域的结合主要表现在:一是流域规划与行政区域规划之间的统一与衔接上,行政区域规划不能与流域规划背道而驰;二是流域管理机构与行政管理机构明确各自职能,科学分工、互相支持。

(2) 统一领导,分级管理

统一领导是指水利部统一管理全国水资源,拟定水利工作的方针政策、发展战略和中长期规划、水资源保护规划等,组织起草有关法律法规并监督实施。而分级管理则是指长江、黄河、淮河、海河、珠江、松辽水利委员会和太湖流域管理局及其所属管理机构,根据水利部的授权,负责本流域的水资源管理的具体事宜。

(3) 综合运用多种手段

我国流域的自然地理情况以及社会政治经济形势,要求流域治理要采取一种以政府直接管制治理为主导,市场化治理与协商治理为辅助的综合性治理模式。这种流域治理模式要求结合流域的具体实际,综合运用行政、法律、经济、工程技术等多种流域治理手段,充分发挥每种手段在流域治理中的优势。

(4) 社会各界广泛参与

流域治理是一项复杂的系统性工程,涉及政府、企业、公众等社会各界的利益,绝对不是政府自己的事情。因此,要以政府为主导,构建社会公众参与平台,积极号召社会各界参与到流域治理中来,并成为流域治理的主体。

7.1.2 基于生态文明流域治理的基本原则

(1) 以人为本,促进人与自然和谐共生

把维护流域内广大人民群众的根本利益作为基本出发点和落脚点,优先考虑人民群众最关心、最直接、最现实的饮水安全、防洪安全、生态安全等问题。遵循自然规律、市场规律和经济发展规律,充分考虑流域资源和环境承载能力,转变发展观念,创新发展模式,重视生态文明建设,加快建设资源节约型和环境友好型社会,走科学发展道路,妥善处理开发与保护的关系,制止对流域无限制的索取和肆意破坏,维护流域生态健康,促进人与自然和谐共生。

(2) 统筹兼顾,协调社会经济效益和生态效益

以流域水环境容量为依据,统筹考虑经济社会发展和流域水环境保护,统筹安排流域产业布局、产业结构以及流域供水、灌溉、防洪、发电、生态环境保护等任务。正确处理流域与行政区域、左岸与右岸以及流域经济社会各单元之间的关系,开发利用和治理保护并重,在开发利用中落实流域治理保护,在治理保护中促进流域开发利用,协调好流域社会经济效益和生态效益。

(3) 因地制宜,发挥地区比较优势,注重开发治理综合效益

不同流域的自然条件、经济社会发展水平以及资源开发利用程度不同,在流域治理实践中,要结合流域的具体情况,抓住流域开发、治理过程中的主要矛盾,制定适合不同流域的治理规划和

实施方案,充分发挥各流域以及流域各区段的比较优势,着重体现流域开发利用、治理保护的总体格局。

(4) 科学规划,做好治理前后监督管理工作

以可持续发展理念为指导,以建设生态文明为目标,以"维护流域健康、促进人与自然和谐共生"为基本宗旨,根据流域资源禀赋、地质地貌特征等进行科学合理的规划,合理确定近期与远期的规划目标、任务以及重点建设工程的布局和实施方案,研究制定流域内不同功能区域综合管理的政策措施,对流域自然资源进行统一管理和调度,做好流域治理相关监督管理工作。

7.2 基于生态文明的流域治理路径分析与选择

所谓流域治理的路径选择,是指流域治理的方法、途径选择,在选择流域治理的路径时,要以社会政治经济以及流域具体实际为依据。从我国流域的具体实际出发,基于生态文明的流域治理路径,主要包括建立流域间的区域协调与合作制度、构建完善的流域水权交易制度、建立流域生态经济系统的生态补偿机制、完善流域治理的自愿性激励措施、加强流域治理的技术创新、推进水生态系统保护与修复等。

7.2.1 建立流域间的区域协调与合作制度

(1) 建立流域间的区域协调与合作制度的紧迫性和重要性

① 公共利益诉求与经济发展之间的矛盾影响了流域经济社会的可持续发展。从自然区域的角度看,流域是一种整体性极强的区域,流域内各自然要素的相互关联极为密切,特别是上下游间的相互关系密不可分。但是,从行政区域的角度看,流域又是不完整的,一条流域通常流经几个不同的行政区,它往往被不同的行政区域所分割,特别在市场化、工业化和城市化的三重压力下,地方政府在经济利益的驱使下,成为流域内利益相对独立的

博弈主体。因此,在很多时候,流域治理的公益诉求如环境保护、产业协调等与地方政府的功利动机——主要是经济发展、财税指标等之间存在着难以调和的矛盾甚至冲突,严重影响了流域经济社会的可持续发展。因此,工业化和城市化引发的流域治理利益不兼容问题甚为棘手但又亟待解决。

②流域间的区域协调发展与合作是落实可持续发展观的重要组成部分。落实可持续发展观的一个基本要求,就是要统筹区域协调发展。我国的河流多是东西流向,而我国东西部经济发展不协调状况由来已久,河流上、中、下游地区经济发展水平差异大,导致在流域开发与治理过程中没有从流域整体利益出发,而是以本地区的局部利益为重,进而导致流域间区域经济发展失衡现象愈演愈烈。因此,坚持可持续发展观,缩小流域间区域经济发展差距,是流域治理面临的难题,也是流域治理成功的重要保障。只有有效遏制流域不同行政区域间基本公共服务、人均收入和生活水平差距扩大的趋势,进而逐步缩小流域地区发展差距,才能在流域范围内实现经济社会各构成要素的良性互动,使流域各个行政区域的发展相适应、各个发展的环节相协调,实现流域经济又好又快发展。

③流域间的区域协调发展与合作是构建社会主义和谐社会的必然要求。社会和谐是中国特色社会主义的本质属性,是国家富强、民族振兴、人民幸福的重要保证。构建社会主义和谐社会,是我们党从中国特色社会主义事业总体布局出发提出的重大战略任务,反映了建设社会主义现代化国家的内在要求,体现了全党、全国各族人民的共同愿望。社会的和谐在很大程度上取决于社会生产力的发展水平,取决于发展的协调性。流域间的区域发展失衡,势必减缓构建和谐社会的进程,甚至影响中华民族赖以生存的精神、物质与环境基础。只有落实好流域间的区域发展总体战略,形成分工合理、特色明显、优势互补的流域产业结构,才能有力地解决流域间的区域经济发展不平衡的问题,才能推进河

流上、中、下游以及左右两岸的良性互动和合作,推动流域各地区共同发展,保证发展成果共享,促进形成流域利益相关部门各尽其能、各得其所而又和谐相处的局面。

(2) 流域间区域协调发展与合作的现状与障碍

① 发展格局方面。流域协调发展受到国家区域发展格局的深刻影响。我国区域发展格局具有东部地区发展迅速、西部地区发展缓慢的特点,而我国的河流大都呈东西走向。因此,流域间区域发展失衡问题严重,是流域治理过程中的一大难题。

② 领导机制方面。组织机构的建立是完成目标任务的制度性保证。就流域治理协调合作来说,目前我国还没有成立专司统筹流域协调发展的领导机构或综合职能部门,而且也没有建立具有领导区域行政权威的实质性领导协调机构,对如何及时有效地解决实际操作中遇到的困难和问题,缺乏一种可以当机立断的领导体制的保证,导致政令上的统一难以实现,不同地区、部门间的合作难以协调,深层次合作难以达成。

③ 动力机制方面。一是流域间区域发展不平衡,贫富差距大,虽然政府强力号召加强东西合作,但激励政策较少,东部发达地区不愿意给予西部落后地区更多的援助,缺乏合作的动力;二是还没有充分利用市场资源的优化配置作用来推动协调合作发展;三是还不是完全建立在互利、共赢基础上的良性互动,有的地区对于协调合作发展主动性不高,动力不足。

④ 保障机制方面。一是还没有一套相关的法律法规体系保障流域协调发展的持续、规范推进;二是相关政策改革尚不到位,如财税政策等,财政性的转移支付还不规范,扶持政策力度不够,不能保障流域协调发展的需要;三是由于行政区划的局限,区域内合作机制、协调机制还不健全;四是政绩考核标准没有把推动流域协调发展作为干部政绩的一项主要内容,现有政绩考核标准体系基本还是立足于局部效益,在一定程度上强化了行政区划壁

垄和地方保护主义。

(3) 流域间区域协调发展与合作的方向和重点

流域间区域协调发展与合作既包括河流上中下游不同地区政府间的协调与合作,也包括政府、企业、公众之间的协调与合作。区域协调发展的关键是区域经济一体化或者说市场一体化,其前提是体制一体化。因此,体制机制创新是区域协调发展的重要保障,流域间区域协调发展与合作制度主要包括组织协调机制、互动促进机制、利益共享机制、区域扶持机制等。

① 组织协调机制。成立流域协调与治理委员会,由涉水职能部门、流域各行政区政府、专家和公众代表参加,主要负责制定、指导执行和检查监督流域综合开发规划。流域协调与治理委员会下设决策机构、咨询机构、执行机构、监督机构,各机构在流域水资源保护和水污染防治中分工合作、各司其职,协调解决流域行政区际的生态矛盾。

成立流域间市长联席会,由流域间不同行政区的地级市市长参加,并投票选举一名负责人,由其负责组织和主持会议。市长联席会每季度举行一次,各市长就流域开发与治理的重大事项展开讨论,并针对流域开发与治理中的问题,提出解决的方针与对策。

② 互动促进机制。定期举行流域协调与治理论坛峰会,邀请流域治理相关政府部门负责人、商界企业家代表、业界知名专家、社会组织代表参加。论坛峰会每年举行一次,由流域管理机构组织和主持,峰会期间社会各界人士就流域开发与治理的重要事项发表讲话。流域管理机构派专门负责人详细记录会议内容,整理社会各界代表的观点。

构建网络通讯互动平台,充分利用 QQ、微信、微博等社会公众喜闻乐见的通讯工具,搭建网络通讯互动平台。社会各界人士可以通过这些平台自由发表言论,就流域协调发展与合作治理提出自己的意见和建议,既可以加强流域协调合作的对外宣传,又可以广纳海内外之民智,研讨流域协调与治理过程中出现的新情况、新问题。

③ 利益共享机制。签订流域治理协商合作协定,确定合理的成本分摊、利益共享制度,在流域产业结构与布局、流域基础设施建设、流域生态文明建设等方面形成共建共享的长效机制,实现资源共享、市场共享、信息共享和机遇共享。通过长期合作的动态博弈,增加相互间的激励和约束机制,以逐步弱化地方和部门保护主义,使区际政府间的博弈由非合作转向合作。逐步由当前的末端治理模式转变为预防性治理模式,防止合作过程中产生机会主义等不利于合作的个人私利行为,保障流域内各地区合作关系的健康发展。

④ 区域扶持机制。扶持机制是实现流域协调与治理的重要手段,对较短时间内消除流域发展的不平衡性至关重要。实现流域协调发展要加快流域一体化建设,逐步实现产业发展一体化、市场建设一体化、城乡建设一体化、交通通信一体化、生态文明一体化、社会事业一体化,这是一个长期目标,需要付出不懈的努力。政府部门作为流域治理的主力军,在流域一体化建设中要给予政策、法律、资金等方面的扶持。

7.2.2 构建完善的流域水权交易制度

(1) 流域水权交易的主体和客体

① 主体。流域水权交易市场的主体包括:经营者、交易双方、政府(流域水权监管机构)、流域水银行以及中介机构。

经营者——水权交易所和水权公司。流域正规水权交易必须由流域水权交易所和水权公司等进行经营,非正规水权交易一般由中介机构进行经营。无论是正规水权交易的经营者还是非正规水权交易的经营者,都必须具有水权的经营权。此外,水权进行长期或永久交易,必须符合国家的流域水资源规划,并需要对交易双方的水资源、生态环境、水环境、第三方等给予充分论证,以确保水资源可持续利用、生态环境可持续发展和第三方不受影响。

交易双方——用水户。最终用户在水权交易市场上通过交易将水资源配置到用水效率高的一方,从而提高水资源的使用效率。

政府。政府(流域水权监管机构)依据国家流域水资源规划、水资源与环境论证报告,做出是否许可买卖双方交易的决定。此外,对于同一流域内不同地区在一级水市场中所获得的水资源数量同实际需求之间的差异,也可以通过水权市场进行宏观调控。

流域水银行。这里所说的流域水银行,是指以流域为单元设立的水银行,是流域水权交易市场中一个非常重要的主体。水银行的交易主要有两种形式:一是像我国目前的银行形式,流域内的用水户将自己暂时不用的水存入水银行,银行要对用户收取一定的保管费,水权买卖以及价格均由用户自己决定;二是像国际上的外汇市场,银行不收取任何费用,但买卖双方成交的价格存在一个价差,即水银行以低价买进、高价卖出,买卖中间永远有个差价,这个差价归水银行获得。

② 客体。水权交易市场交易的客体,即对象,不仅包括水权,而且还应该包括排污权。其中,水权存在着水质的区别、地下水和地表水的区别、来源地的区别、污水排放的区别等差异。对于排污权,可以将其与水权交易系统捆绑在一起。

(2) 流域水权交易的市场模式

水权交易可以通过两种交易模式完成,一种是流域水权交易所的集中买卖,称为场内交易;另一种是通过水权交易所之外的零星的非正式市场进行水权买卖,称为场外交易。场内交易和场外交易相互补充,共同促进我国水权交易市场的发展与完善。

① 场内交易模式。场内交易模式,即在流域水权交易所集中交易。流域水权交易所采取会员制的形式,由水利部和各流域管

理机构共同出资设立。流域水权交易所的组织结构同证券交易所相似,最高决策权归会员大会,会员大会下设理事会,理事会下设总经理室,总经理室下设具体的职能部门。流域水权交易所的会员,必须是经中国水权监管机构或流域水权监管机构批准设立,具有法人资格,依法可从事水权交易及相关业务,并取得流域水权交易所会籍的水权公司。场内交易作为水权交易的主要模式,具有以下特点:

a. 具有集中、固定的交易场所和严格的交易时间,水权交易以公开的方式进行,有利于扩大交易规模、降低交易成本、促进市场竞争、提高交易效率;

b. 交易者为流域内的用水户法人,一般自然人不能直接在水权交易所交易;

c. 水权交易所具有严密的组织、严格的管理,须定期真实地通报整个流域以及流域内各区域的水权情况,水权的成交价格是通过公开竞价决定的,交易的行情向公众及时公布。

② 场外交易模式。场外流域水权交易市场也可称为水权柜台交易市场或水权店头交易市场,是水权交易所外由水权买卖双方当面议价成交的市场。场外水权交易作为场内水权交易的有效补充,同场内交易不同,具有以下特点:

a. 灵活的交易地点和交易时间。场外水权交易市场没有集中的交易场所,是一种分散的、无形的市场,它通过电话、网络等通讯工具将交易的主体联系起来。另外,由于不像水权交易所那样要有固定的交易日、固定的开盘和收盘时间,场外交易的时间也较为灵活。

b. 灵活的交易数量。场外交易市场的交易单位是灵活的,可以采用水权交易所规定的交易单位,也可以进行零星交易。

c. 较低的交易费用。在买卖双方直接交易中,无需支付佣金,节省了交易成本。

d. 流域水银行是场外水权交易的核心。用水户可以委托水银行进行交易,也可以直接同水银行进行交易。

e. 灵活的价格确定方式。场外水权交易市场的交易根据水银行提出的买入价或卖出价成交,或是用水户同水银行根据具体成交数量和其他交易条件,经过协商确定最终的成交价格。

(3) 流域水权交易的相关制度安排

水权交易市场的根本职能在于将买卖双方的交易委托及时汇总并顺利成交,同时向用水户提供准确的信息。为完成这些功能,水市场就需要在价格形成、成交方式、保证金模式等方面形成一定的制度安排。

① 价格形成制度。水权价格形成制度直接影响交易成本,进而影响市场的流动性,同时水权价格形成制度会影响价格的稳定程度。可以说,水权价格形成制度的制定是否合理、科学,直接关系到水权交易市场的成败。

水权价格形成制度可以在两种制度间进行选择,其一是竞价交易制度,又称为指令驱动制度,由买卖双方通过公开竞争喊价的方式来确定成交价格,按"价格优先、时间优先"的原则自动撮合成交;另一种是做市商制度,又称为报价驱动制度,由流域水银行根据市场行情和供求关系同时报出买入价和卖出价,并显示在计算机屏幕上,买卖双方按此价格分别与水银行进行交易,水银行通过不断买卖获得价差收入。

② 成交方式制度。水权交易市场中,成交方式可以在间断性市场制度和连续性市场制度之间进行选用。做市商制度下,成交方式一般均采用连续性市场制度,即在交易日内,水银行按照其报价连续不间断地进行交易;在竞价交易制度下,交易方式可以是连续性的,也可以是间断性的。若采取间断性市场制度,则水权交易所收到交易委托后,并不是马上撮合,而是将不同时间收到的委托累积起来,到了一定时刻集中交易;若实行连续性市场制度,则交易所在收到委托后,即时将委托信息输入交易系统,交易系统按照"时间优先、价格优先"的原则进行撮合。

③ 保证金制度。保证金制度决定了水权交易者在达成交易后是否要立即进行水权的交割和资金清算。如果实行全额保证金交易制度,则买卖双方成交后,买方付出现金并向卖方收取水权,卖方则付出水权并向买方收取现金,买卖双方都有水权和资金的收付进出。一般在成交的当日、次日或水权交易所指定的例行交割日期交割清算。在清算交割前,双方均不可随便解约或冲销,若有一方到交割日不能履约,将按有关交易规则缴纳罚金并承担相关责任。市场中的供给和需求应该是有效的供给和需求,即拥有实实在在的水权的供给和有购买能力的需求。因此,水权的保证金制度应以全额保证金制度为宜。

(4) 政府在流域水权交易市场中的地位

政府在流域水市场上进行宏观调控的目标主要有三点,即稳定水权价格、维护公平竞争的市场秩序、解决水权交易可能产生的外部性问题。

① 稳定水权价格。受我国气候的影响,水权交易的显著特点是水资源的供给有很明显的季节性特征,呈现夏秋多、冬春少的特点,如图 7-1 所示。

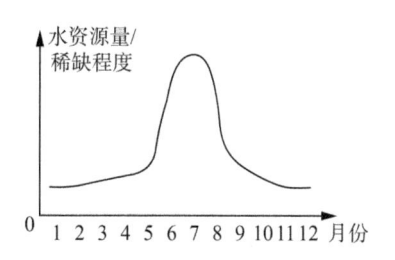

图 7-1 我国水资源的分布特点

此外,水资源的需求也受季节变化的影响。拿农作物灌溉来说,春季是农作物的播种季节,夏季是农作物的快速成长季节,这两个季节农作物灌溉用水需求大。

供给和需求都会出现较大波动,导致水权交易市场中水权价格不稳定,用水户不能形成稳定的预期和合理的用水安排,用水效率低下。针对此问题,需要政府伸出"看得见的手"以弥补市场的缺陷。政府稳定水权价格主要采用经济手段。执行经济手段的前提是政府占有一定数量的预留水权。当水权价格过高时,水权监管部门可以在水市场上出售部分预留水权,增加市场供给量,压低水权价格;当水权价格过低时,可以购买水权,扩大市场需求,抬高水权价格。

如图7-2所示,水市场上某时间的初始需求为D_1,初始供给为S_1,初始价格为P_1。若水权监管机构认为这个价格过高,就可以在水市场上出售数量为(Q_2-Q_1)的预留水权,供给曲线由S_1右移至S_2,水权交易市场上的均衡价格由P_1降至P_2;若水权监管机构认为初始水权价格过低,就可以在市场上购买数量为(Q_3-Q_1)的水资源,需求曲线由D_1右移至D_2,水权交易市场上的均衡价格由P_1上升至P_3。

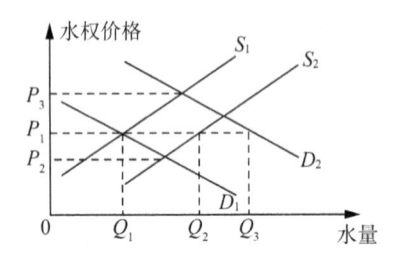

图7-2 水资源供需与水权价格的关系

② 维护公平竞争的市场秩序。维护公平竞争的市场秩序主要包含两方面的任务,其一是对市场中垄断的管制,在场外交易市场中,水银行往往可以利用水库等设施形成自然垄断,破坏市场效率;其二是通过水市场运行规则的制定和行政监管,保证市场竞争的有序性和公平性。

流域水权交易市场的规范运行和健康发展,离不开法律的保障。法律手段在对流域水资源宏观管理中具有重要作用,是政府维护公平竞争的市场秩序的主要手段,对于提高管理效率、避免权力寻租起到重要作用。政府要根据社会主义市场经济体制的要求,逐步建立以《水法》为核心、包括流域水权交易部门规章和规范性文件在内的水权交易市场法律法规体系。其涵盖的内容应该包括:水权交易的法律规范(水权交易的一般规定、水权交易的禁止行为等)、水权服务的法律规范、市场监管的法律规范。

③ 解决水权交易可能产生的外部性问题。水权交易若无管制地自由交易,常会产生负的外部效应,危害生态环境,损害其他用水人的权益,因此需要政府的介入。

a. 不同地区水权交易产生的外部性问题。流域内不同地区间相同用途的水权交易所产生的外部性问题的显著特点是影响范围较小,只对水权转让双方中间地区的河流水量产生影响。该影响是双向的,上游地区向下游地区出售水权会增加买卖双方间河段的流量,反之则会减少双方间河段的流量。因此,外部性既可能是负的,也有可能是正的。

为保证中间河段河流水量不会发生较大幅度的降低,流域水权监管部门可以确定任意两地区中的上游地区净转入水量的最高限额,对两地区间的水权交易逐笔登记、实时监督。这样,虽然不能保证中间河段的河流水量保持不变,但是可以使其不至于降到产生明显负效应的程度。

b. 同一地区水权交易产生的外部性问题。流域内相同地区不同用途水权交易产生的外部性问题的影响范围较大,该类型交易对位于买卖双方下游所有地区的河流水量都会产生影响。解决这个问题的一个思路是改变原来的1:1的交易比率,即售水者出售的水权并不能完全转移至购水者手中,其中一部分将保留在河流中。

假设售水者用水的退水率为 R_1,待出售的水权数量为 Q。若售水者自己使用,则退水数量为 R_1Q。对应的,购水者的用水退水率为 R_2,它取得的水权数量为 Q',退水数量为 R_2Q',剩余水权

$(Q-Q')$留在河道,直接排往下游。为了保证河流水量不变,则要满足等式:

$$R_1Q = (Q-Q') + R_2 \times Q' \rightarrow Q' = \frac{1-R_1}{1-R_2} \times Q \quad (7-1)$$

也就是说,实际交易的数量是Q',但是为了保证这笔数量为Q'的水权交易,售水人必须占有而且要付出数量为Q的水权,$(Q-Q')$相当于以实物形式向政府缴纳水权交易税。

在实际操作中,售水人向水权公司递交数量为Q'的交易委托书,对于不同用途的买者将有不同的报价。达成交易后,售水人将数量至少为Q的水权许可证交付流域水权管理部门,管理部门为购水人颁发数量为Q'的水权许可证,同时注销数量为$(Q-Q')$的水权。如仍有余额,则向售水人颁发数量为余额水量的水权许可证。这样,下游地区的河流水量就不会受到水权交易的影响,外部效应问题得以解决。

水权的理论基础源于产权理论,水权是产权理论渗透到水资源领域的产物。流域水资源是一种具有多重特性的稀缺资源。水权的可分割性、可交易性和竞争性,以及水资源使用者的长期合作博弈性质,要求对水资源的产权安排应充分反映这些特性,并在此基础上建立水资源管理的基本制度——可交易性流域水权制度。可交易性流域水权制度,是在对流域水权属性进行充分考量的基础上,为了提高水资源配置效率而建立的一种与市场经济相匹配的排他性水权制度。其排他性既不是指与水相邻的土地所有权,也不是指水资源的优先占用权,而是指在水资源使用权基础上进一步界定的配水量权。建立可交易性流域水权制度,目的是实现水资源的优化配置,解决由水权初始配置带来的不公平、不均衡、不合理问题,以及由此产生的一系列其他问题,并充分体现水资源的稀缺性和价值性。

可交易性流域水权市场机制主要包括如下内容:一是完善流

域水资源有偿使用制度,建立使用水资源按价付费、通过水市场实现水资源有偿转让的制度,建立合理的水价形成机制;二是发挥政府的行政效能优势,建立流域水权初始分配制度,水权的初始界定必须在保障流域安全和公平公正分配的前提下,最大限度地追求水资源配置和利用的效率;三是建立流域水权交易的二级市场,二级市场主要是取水权的有偿转让,即依法取得取水权的权利人有偿转让其取水权,即转让水资源使用权,使得水资源的经济价值能得到更大程度的体现,保障流域水资源的充分有效的使用。流域水资源的合理使用是建立流域生态文明的治理机制的基础。

7.2.3 建立流域生态经济系统的生态补偿机制

(1) 流域生态补偿的概念

流域生态补偿是指流域上下游之间基于水资源开发利用的受损和收益的不公平,由下游地区对上游地区就保护生态环境所付出的代价给予一定的补偿,或者上游地区由于自身产生污染而对下游地区进行的补偿。其产生主要是为了解决流域上下游之间水资源开发利用中的不公平问题。

(2) 进行流域生态补偿的原因

平衡流域上下游地区生态保护的权利和义务,缩小流域上下游地区的发展差距。

在我国,流域生态环境保护的责任,很多时候是由上游地区承担。上游负责造林、营林等水土涵养的工作,是为了保证水源地的水量和水质,确保整个流域生态系统的稳定。因此,该地区的经济结构布局势必受到更为严格的限制。由于生态责任限制了当地经济的发展,长此以往,上游地区将被排除在经济发展的主流之外。上游地区为整条流域支付了生态环境保护的成本,给自身造成经济利益的损失,这必然会形成上下游社会财富分配的不公。如果不能够得到应有的生态补偿,上游地区将失去生态保护的动力。为缩小与下游经济发达地区的发展差距，上游地区就会置生态环境于不顾，大力发展位于产业链低端的重污染产业，因为这些行业往往在短期内就能取得经济实效。而水源地的污染将对社会造成极大的破坏，导致整个流域水生态系统的恶化，甚至不可再生。

缓解流域内各地区、各部门的冲突和矛盾，促进流域社会经济和生态环境可协调发展。

由于流域上中下游地区在生态环境保护方面的付出与社会经济发展方面的收获不呈正向关系，上游地区在生态保护方面的付出得不到明显的回报，相反下游地区却可以充分利用流域资源取得社会经济的快速发展。这种付出与收获的不一致，导致上下游地区在流域治理过程中互相推诿，矛盾频发。流域生态补偿机制实际上是一种有效的纠错机制，可以在很大程度上缓解这种流域内部各地区的矛盾和冲突，使流域的生态建设进入一个良性循环轨道，遏制流域的劣质化发展趋势，为全流域生态环境协调可持续发展提供一个稳健运行的保障机制。

（3）流域生态补偿的主体

流域生态补偿主要是下游地区对上游地区的补偿。在流域生态系统内，水资源流动的单向性决定了流域内人们的生产活动所产生的生态环境效应具有明显的单向性。譬如，上游地区的水质污染必然会影响到中下游地区的工农业用水、居民生活用水，相反，下游地区的水质污染对上游的水质却不会产生直接影响。流域生态环境效应表明，上游地区生态环境保护对整个流域生态环境改善非常重要。所以下游地区应当对上游地区因保护生态所付出的代价予以必要的分担。一般而言，流域生态补偿的义务主体主要是下游地区及其居民，而其权利主体则是上游地区及其居民。

（4）流域生态补偿的对象

在流域水资源管理中，为了保护流域下游的饮水及工农业生

产,对上游开发性活动和土地利用进行严格限制,这些区域发展缓慢。因此,需要对上游地区进行生态补偿,主要补偿对象如下:

① 水源地生态环境的建设者。流域上游实施各项水源保护措施,为保障下游地区水资源的持续利用,在人力、物力、财力上投入了大量精力,甚至以牺牲当地的经济发展为代价。因此,国家和流域下游区域对为保护流域水资源的持续利用做出贡献的上游地区,理应负起补偿的责任。

② 水源污染的受害者。污染物排放引起水环境的破坏,受污染的水资源不仅直接造成公民人身财产损失,还使水资源利用价值降低,可用水量减少。饮用清洁安全的水是每个人基本的生存权利,为了保障水资源污染受害者的权益,及时补偿因水资源污染而造成的损失是非常必要的。

(5) 流域生态补偿的方式

目前,我国流域生态补偿的方式过于单一,限于资金补偿形式。虽然资金补偿是最快和最有效的补偿方式,但资金补偿方式不仅要求有足够的资金,而且要求资金的长期性和稳定性。仅仅依靠资金补偿这种单纯的"输血式"补偿,显然不能满足被补偿地区长期发展的需要。因此,还要增加其他补偿方式,如实物补偿、智力补偿、项目补偿、政策补偿等。

补偿方式的多样化,将有助于增强流域生态补偿的适应性、灵活性和弹性,从而弥补单纯资金补偿的不足,进而增强补偿的针对性和有效性,变"输血"为"输血、造血"并重,这将有利于补偿活动在任何时间、地点展开。补偿多样化强有力地刺激补偿的供给和补偿的需求,促进补偿供给与补偿需求良性动态关系的形成和维持。

(6) 流域生态补偿的标准

① 机会成本法。机会成本法是指补偿标准与公正原则保持一致,以上游地区为保护生态所付出的成本作为切入点,将上游地区为保护流域生态环境而付出的成本(发展权的限制或剥夺而

造成的损失、流域生态环境保护的成本、污染治理的成本等)作为流域生态补偿的最低数值。

一个地区为保护流域生态环境而进行的直接投入可以通过下述方式确定:第一,财务数据,包括整治污染、修建水利设施等方面所投入的资金,当然,此类数据必须经过审核,以确保其真实性;第二,同等条件地区的财务数据,如果不具备第一种财务数据,则可以参照同等条件地区的财务数据;第三,评估数据,这是指根据被评估地区的流域生态环境状况推算出来的数据。在这三种数据中,第一种数据优先使用,第二、第三种数据并列选择使用。

② 生态服务价值法。采取流域生态服务补偿政策后,下游提供给上游一定的补偿,用于流域环境的保护,将会使生态服务价值有所增加,包括水质的改善、水量的增加或在时间上的均匀分布、水土流失面积的减少等,是流域生态补偿的最大值。流域内水资源供应的服务价值可采用水资源水质价值法估算。

依据国家标准《地表水环境质量标准》(GB 3838—2002),确定上游地区供给下游地区的水环境质量为Ⅲ类标准。基于此,如果上游地区把水质维持得良好,优于Ⅲ类水质,达到Ⅰ、Ⅱ类标准,那么区间供水服务价值就为正值,下游地区需要对上游进行补偿;反之,如果上游地区破坏了水质,使流到中下游的水质降低到Ⅲ类标准以下,区间供水服务价值就为负值,则上游地区需要对下游地区进行赔偿。

具体地说,可以运用如下公式估算区间供水服务价值:

$$P = Q \times C \times \delta \quad (7-2)$$

式中:P 为区间供水服务价值;Q 为年供水资源量;C 为污水处理成本(目前城市污水处理的成本大约在 0.55～0.7 元/吨,我们取中间值 $C=0.6$ 元/吨);δ 为判定系数,当水质好于Ⅲ类时,$\delta=1$;当水质为Ⅲ类时,$\delta=0$;当水质劣于Ⅲ类时,$\delta=-1$。

③ 河流污染补偿办法。首先,应确定河流的上游区域交水给

下游区域的水环境质量为国家标准《地表水环境质量标准》规定的Ⅲ类标准。下游区域在上游区域内调水取水,上游区域根据下游区域对水质的要求,提出补偿数额。经济补偿数额与被污染的河流流量或调水取水量挂钩。下面是经济补偿的初步确定方法:

$$M = K \times N \times L \times Q \tag{7-3}$$

式中:M 为经济补偿数额(万元/a);K 为水污染治理成本因子,为 0.07;Q 为河流多年平均流量(m^3/s);N 为换算系数,N=3 153.6;L 为水质提高或降低的级别数。

其中成本因子是根据目前的经济水平和技术水平确定的。以 COD 为主要控制指标测算,每 1 元投入,除去 COD 的量约为 100~200 g。如按平均值计算,每 1 元投入,除去 COD 的量约为 150 g;使水中 COD 从Ⅳ类提高至Ⅲ类,每 1 m^3 需去除 10 g COD,所需成本即为 0.07 元。

7.2.4 完善流域治理的自愿性激励措施

(1) 完善第三部门参与机制

社会公众对本地区的流域水环境信息掌握得更全面和准确,拥有天然的信息优势。因此,要重视社会公众在流域治理中的作用,将社会公众作为第三方引入流域生态治理模式,弥补政府在流域治理中的信息劣势,以较低的成本解决信息不对称的问题。此外,第三部门作为公共利益的代表,通常从集体的长远的利益出发,对地方政府的决策构成一种持续的、有影响力的压力作用。第三部门通过组织公众参与流域治理的公共决策、环境影响评估、环境监督等过程,影响和制约地方政府的决策过程,甚至能矫正政府的错误决策,从而克服政府单边治理的缺陷,提高流域治理的效率。

(2) 构建地方政府流域治理绩效考核体系

以"治水先治河、治河先治污、治污先治人、治人先治官"为原则,建立健全地方政府流域治理绩效考核体系,以激励地方政府积极开展环境治理,约束机会主义行为,解决环境保护与经济发展之间的矛盾与冲突。绩效考核作为一种激励措施,必须要有可量化的具体指标。可以将流域生态环境治理的阶段性目标纳入地方政府官员的绩效考评范围,结合流域生态环境质量指标体系、万元GDP能耗、万元GDP水耗、万元GDP排污强度、交接断面水质达标率和群众满意度等指标,逐步建立起以绿色GDP为核心的流域治理绩效考核体系。所谓的绿色GDP是指从传统意义上的GDP中扣除不属于真正财富积累的虚假部分,即生产活动给环境资源造成损失的那部分成本。这种新的核算体系从实物和价值两个方面对流域生态进行核算,可以使流域生态环境补偿机制的经济性得到显现。绿色GDP占GDP比重越高,表明国民经济增长的正面效应越高,负面效应越低。

(3) 改革生态公共服务供给模式

改革生态公共服务供给模式,既要推行政府生态购买,又要鼓励社会资金参与流域生态治理和环境保护,提高市场化生态公共服务供给的水平和质量。主要包括:通过税收减免、差别电价、绿色信贷等优惠政策,引导企业参与环境质量标准等激励性自我约束活动;大力发展低碳技术,促进排污企业进行技术改革;通过开展清洁生产和循环经济,构建生态工业园;在流域生态公益林建设和城市污水垃圾处理等领域引入市场机制;发展服务外包,运用市场手段解决生态服务的有效供给。

(4) 通过项目带动流域内农村生态环境保护

针对流域内种植业生产所造成的化肥农药污染、养殖业面源污染等情况,通过项目带动,以农民专业合作社为载体,引导农民大力开展测土配方施肥和新技术运用以减少农业面源污染。有条件的地区可以借鉴国外发展农村环境合作社的经验,建立农村环境保护的伙伴治理机制。加强生态文化建设,让生态文明的观念深入人心,合理生产和消费,形成文明生活方式。

7.2.5 加强流域治理的技术创新

(1) 流域治理技术创新的现状

水利科技的总体水平和创新能力与水利发展的要求仍有很大差距,主要表现在:一是对水利科技的认识不足,重传统技术、轻新兴技术的观念依然存在,对"科学技术是生产力"的认识不够深刻;二是水利科技投入不足,科研经费主渠道还没有建立,在水利科技发展中,科研和技术推广经费投入严重不足,极大地影响了重要科研项目的开展和技术成果转化;三是科研机构和队伍不健全,科技人员素质有待进一步提高;四是科研基础条件平台建设落后;五是技术创新和成果转化的力度不够,水利科技推广和服务体系尚不健全,水利建设与管理技术的应用水平还不高,科研与效益脱节、成果与转化脱节等问题还依然存在。

(2) 流域治理技术创新的目标

兴水利、除水害,事关人类生存、经济发展、社会进步,历来是治国安邦的大事。当前,水利事业处于发展与改革不断深入、传统水利向现代水利加速推进的转型阶段。目前,我国水利事业依然面临着严峻的挑战,受人口增长、经济社会发展方式粗放以及气候变化等因素的影响,防洪减灾形势更加严峻,流域开发利用与保护的关系更加复杂。实现防汛抗旱两个转变需要高新技术手段的广泛应用;病险水库除险加固、农村饮水安全、灌区节水改造、水土流失防治等民生水利工程亟需先进技术的支撑;推动节水防污型社会建设,需要不断深化对水资源的科学认识。严峻的形势和艰巨的任务对水利科技工作提出了新的更高的要求,须从基础理论、应用科学与应用技术三个层次全面加强水利科技的研究。

(3) 加强流域治理技术创新的对策与措施

① 建设水利科技创新平台。根据平台的存在状态,水利科技创新平台可以分为有形和无形两种平台。有形平台是指水利试

验基地和技术实验室等实实在在存在,并能提供实际研究的平台;而无形平台是指水利学会组织、水利科技信息情报站、水利科技服务网站和水利期刊等网络和书刊平台。建设水利科技创新平台,一方面要吸收国外的优秀经验,另一方面要结合我国的具体实际,充分利用网络和信息等现代技术,促进水利科技信息的交流和共享。

② 培养水利专项人才。科技的发明和创新需要高水平的人才,水利科技创新同样如此。培养水利专项人才,一方面要根据水利行业科技人才的现状及需求,明确掌握人才的发展趋势、成长规律、培养目标、发展规划和发展规模等,对人才进行针对性的培养;另一方面在人才的吸引和使用方面也要科学化、合理化,根据人才自身的特点和特色合理地安排岗位,建立人才档案库,对现有人才进行挖掘和利用,将开发、管理和运行各个环节连在一起,建立一套完整的运作机制,将人才的优势发挥到最大。

③ 加大水利科研和技术推广力度。建立健全市、县、乡三级水利科技推广体系,强化基础条件平台建设,加强水利科技攻关和研究,加大水利科技推广力度,积极推进先进实用技术在水利发展中的广泛应用。加速科技成果向现实生产力的转化,提高成果转化率和科技贡献率。当前应重点搞好防汛、抗旱、水资源保护管理等方面科研项目的技术攻关,积极做好水利科技综合试验站和推广示范基地建设的各项工作,一手抓科研,一手抓推广,充分发挥水利科技对水利的支撑和促进作用。

④ 营造科技创新的环境。根据环境的组成成分可将科技创新环境分为硬环境和软环境。硬环境是指实验室、实验器材、通讯设备等基础设施和服务设施,是流域治理技术创新的物质保障。软环境是指制度环境、文化环境和市场环境,其中制度是保证科技创新活动进展的前提,市场是科技创新活动发挥和展现的场地,文化是科技创新活动氛围的助推剂。

7.2.6 推进水生态系统保护与修复

(1) 水生态系统的定义

水生态系统是指水生物群落与其所在环境相互作用的自然系统,一般由无机环境、生物的生产者(如藻类、水草、岸坡植物)、消费者(草食动物和肉食动物)以及分解者(腐生微生物)等四部分组成。无机环境是水生态系统的非生物组成部分,包含阳光、氧气以及其他所有构成生态系统基础的物质和条件,如水、无机盐、底质(土壤、岩石)、空气、栖息地、气候和水文过程等。无机环境是水生态系统的基础,其条件的好坏直接决定水生态系统的复杂程度和生物群落的丰富度。

(2) 良好水生态系统的特征

良好的水生态具有以下特征。第一,具有生物多样性。包括生物基因多样性、生物栖息地多样性和生物物种多样性三方面。第二,水生态系统的结构完整。水生态系统结构指构成生态系统诸要素及其量比关系,各组分在时间、空间上的分布,以及各组分之间的能量、物质、信息的交流途径与传递关系。只有结构完整的系统才是稳定和健康的生态系统,主要表现为生物的生产者、消费者和分解者齐全,各类生物需要的能量、营养和食物链结构完整。第三,外来物种少。特有和珍稀物种生存良好。第四,水质良好。第五,景观及环境优美,使人宁静、陶醉、舒心,产生灵感和创作激情。

(3) 水生态系统保护与恢复的任务

水生态系统保护与恢复的任务主要是水质和自然水文过程的改善、水域形态及地貌特征的改善和生物物种的恢复。具体体现在以下几个方面:一是加强对重要生态保护区、水源涵养区、江河源头区和湿地的保护,综合运用调水引流、截污治污、河湖清淤、生物控制等措施,推进生态脆弱河湖和地区的水生态修复;二是严格控制地下水开采,加强地下水超采区和海水入侵区治理;

三是深入推进水土保持生态建设,加大重点区域水土流失治理力度,加快坡耕地综合整治步伐,积极开展生态清洁小流域建设,禁止破坏水源涵养林;四是建设亲水景观,促进生活空间宜居适度,重视和加强水利工程建设中的生态保护。

(4) 水生态系统保护与恢复的方法

水生态系统保护与恢复方法主要包括物理(如栖息地)、化学(如水质)、生物和管理四个方面。重建或者调度比较自然的水文和水动力过程、恢复弯曲河道和分汊河道、增加水面生态斑点和生态走廊就是物理方法,而曝气复氧、添加活性炭等为化学方法,重建岸边植被和水草、生物操作、增殖放流等属于生物方法。

第八章 案例分析:基于水生态足迹的淮河流域发展模式

随着我国社会经济的快速发展,水资源问题日益严重。原环境保护部公布,2010 年七大水系 411 个地表水监测断面的水质状况,已成为Ⅴ类水和劣Ⅴ类水质的,海河为 60%、辽河为 48%、淮河 45%、黄河为 32%、松花江为 31%、长江为 13%、珠江为 6%,水污染问题已成为制约我国社会经济可持续发展的重要因素。淮河流域地处我国腹心地区,是我国重要的农业生产区和能源供应基地。随着淮河流域经济社会的发展,淮河流域面临的水质恶化、水生态系统功能退化、水资源短缺等问题日益严重。因此,改变流域经济发展方式,使有限的水资源发挥最大的经济效益、环境效益和社会效益,是可持续发展研究的重要问题。

近些年来,随着人们对生态环境的重视,生态足迹理论的研究受到国内外学者的关注。生态足迹理论是建立在可持续发展原则基础上的一种资源利用分析方法。从已有的研究来看,以流域为尺度的水资源生态足迹的文献还较少,因此从生态足迹的视角研究流域水资源可持续发展方式具有重要理论和现实意义。本章基于淮河流域可持续发展的要求,运用水资源生态足迹的方法对淮河流域水资源生态压力进行诊断,设计未来发展的多种情景模式,对不同情景模式的未来生态足迹进行计算,最终确定满足水资源承载力和生态压力要求的发展模式。

8.1 水资源生态足迹构建

(1) 水资源生态足迹账户体系

根据水资源特点和用水用户特性,水资源消费账户可分为淡水消费生态足迹、水产品消费生态足迹和水污染消费生态足迹三个二级账户。其中淡水消费生态足迹分为生活用水生态足迹、生产用水生态足迹和生态用水生态足迹三个部分,生活用水生态足迹分为城市居民用水生态足迹和农村居民用水生态足迹,生产用水生态足迹分为农业用水生态足迹、工业用水生态足迹和第三产业用水生态足迹;水产品消费生态足迹指人们消费水产品所占用水资源的生产性土地面积;水污染消费生态足迹指消纳城市生产和生活以及酸雨产生的超出城市水体承载能力的污染物对水资源的需求过程,分为废水污染生态足迹和酸雨污染生态足迹两个部分。

(2) 水资源生态足迹模型的建立

以生态足迹分析法为基础,结合水资源的特点,根据水资源生态足迹的账户分类,将消耗的水资源转化为相应账户的生物生产性面积——水域面积,并对其进行均衡化处理,得到全球范围内不同区域可以相互比较的均衡值。水资源生态足迹计算公式如下:

$$EF_W = N \times ef_w = N \times r_w \times (Q_w/P_w) \qquad (8-1)$$

式中:EF_W 表示水资源生态足迹(hm^2);N 表示区域总人口;ef_w 表示人均水资源生态足迹(hm^2/人);r_w 表示水资源全球均衡因子;Q_w 表示区域消耗水资源总量(m^3);P_w 表示水资源世界平均生产能力(m^3/hm^2)。

(3) 水资源生态足迹计算公式

按水资源生态足迹消费账户分类,水资源生态足迹为水产品消费生态足迹、淡水消费生态足迹和水污染消费生态足迹之和，其计算公式为：

$$EF_W = N \times ef_w = EF_{fim} + EF_{few} + EF_{cw} \quad (8-2)$$

式中：EF_{fim}表示总的水产品消费生态足迹（hm²）；EF_{few}表示总的淡水消费生态足迹（hm²）；EF_{cw}表示总的水污染消费生态足迹（hm²）。

（4）流域水资源生态承载力模型构建

一个地区的水资源总量是该地区水资源的最大储存量，反映了该地区水资源量的丰沛程度。已有的研究表明，水资源开发利用率如果超过30%～40%，可能会引起生态环境的恶化。因此，一个国家和地区的水资源承载力的计算必须包括至少扣除60%用于维持生态环境的水资源量。根据生态足迹法建立水资源生态承载力模型，计算公式如下：

$$EC_W = N \times ec_w = 0.4 \times r_w \times \Psi_w \times (Q_w / P_w) \quad (8-3)$$

式中：EC_W表示水资源承载力（hm²）；ec_w表示人均水资源承载力（hm²/人）；r_w表示水资源均衡因子；Ψ_w表示水资源生产因子；Q_w表示水资源总量（m³）；P_w表示全球水资源平均生产能力（m³/hm²）。

（5）水资源生态赤字、生态盈余

水资源生态足迹分析法可用来衡量某一区域水资源可持续利用状况。该方法是通过比较一个地区水资源生态足迹和水资源生态承载力的大小，确定该地区水资源是处于生态赤字还是生态盈余的状态，计算公式如下：

$$ard = EF_W - EC_W \quad (8-4)$$

式中：ard表示水资源生态赤字或生态盈余。当ard>0时，表示区域水资源生态足迹大于生态承载力，水资源处于生态赤字状态，说明区域的水资源不能满足该区域的生产生活的需要，该区域的水资源处于一个不可持续发展的状态；当ard=0时，区域的水资源处于均衡状态,水资源生态足迹等于生态承载力;当 ard＜0 时,区域的水资源生态足迹小于生态承载力,水资源处于生态盈余状态,说明区域内的水资源量不但可以保证良好的生态环境,还存在余量可以满足区域内生产生活的需求,水资源处于可持续利用状态。

(6) 水资源生态压力指数

水资源生态压力指数是某一国家或地区人均水资源生态足迹与人均水资源生态承载力的比值,用以衡量水资源生态压力强度的大小。水资源生态压力指数考虑一个地区经济社会发展所需要的水资源耗费量与地区的水资源承载力,以指数的形式对水资源安全的等级进行测度,计算公式如下:

$$ETI = EF_W/EC_W \tag{8-5}$$

式中:ETI 表示水资源生态压力指数。当 $0<ETI<1$ 时,说明区域水资源生态承载力大于水资源生态足迹,水资源开发利用处于较安全状态;当 $ETI=1$ 时,说明区域水资源供需均衡,水资源安全处于临界状态;当 $ETI>1$ 时,说明区域水资源生态承载力小于水资源生态足迹,水资源开发利用处于不可持续状态。ETI 越大,水资源安全的威胁就越大。

8.2 淮河流域水资源生态足迹现状诊断

淮河流域包括河南、湖北、安徽、江苏、山东五省 40 个地级市,总人口约为 1.7 亿人,平均人口密度是全国的 4.8 倍,居各大江大河流域人口密度之首。淮河流域是国家重要的商品粮棉油基地,粮食产量约占全国粮食总产量的 1/6。过去,淮河流域工业以煤炭、电力工业及农副产品为原料的食品、轻纺工业为主,最近十几年来,煤化工、建材、电力、机械制造等轻重工业也有了较大发展。相对于长江、珠江、西南诸河等水资源丰富的流域,淮河流域人多、地少、水少,加上水资源时空分布不均,导致水资源问题十分突出。淮河流域年平均水资源总量为854亿 m^3,根据淮河流域水资源统计公报,以及流域内各省的统计年鉴,淮河流域经济发展及水资源耗用量数据见表8-1。

表8-1 2001—2009年淮河流域经济及水资源情况

年份	GDP（亿元）	总人口（万人）	水资源总量（亿 m^3）	废污水排放量（亿 t/a）	水产品消费总量（万 t）
2001	10 617.3	16 240.8	482.96	46.00	276.18
2002	11 325.2	16 464.3	656.58	39.74	285.87
2003	13 819.4	16 496.9	1 695.04	43.69	291.45
2004	16 221.6	16 684.1	653.20	43.88	307.63
2005	18 837.8	16 628.3	1 265.89	45.32	326.63
2006	20 546.3	16 943.2	826.44	43.95	344.17
2007	24 540.7	16 995.1	1 198.87	44.47	366.07
2008	28 024.0	17 065.1	905.34	42.65	386.41
2009	32 097.5	17 140.5	710.92	48.01	414.06

根据式(8-1)~(8-5)计算出淮河流域2001—2009年水资源生态足迹和水资源承载力,见表8-2(单位: hm^2/人)。

表8-2可以反映出:

第一,随着淮河流域经济的快速发展,水资源利用量持续增长,水资源质量逐步下降,人均水资源生态足迹逐步下降,生态赤字和生态压力指数呈波动态势。

第二,随着节能降耗等措施的推行,流域万元GDP耗水量呈逐年下降趋势,但还处于一个较高水平,流域水资源承载力的变化还主要依赖于降水量的变化,在丰水年份,水资源生态赤字较小,水资源短缺矛盾不太明显;但在枯水年份,水资源生态赤字较大,生态压力指数增长,水资源承载力年际变化较大。

第三,随着国家对淮河流域水污染治理力度的加大,淮河流域水质明显改善,废水排放量逐年减少,水污染消费呈下降趋势,

表 8-2 2001—2009 年淮河流域人均水资源生态足迹和承载力计算结果汇总

类型			年份							
			2001	2002	2003	2004	2005	2006	2007	2008	2009
水产品消费	淡水渔业		0.483	0.498	0.509	0.540	0.571	0.602	0.638	0.675	0.721
淡水消费	生活用水		0.047	0.047	0.042	0.042	0.047	0.047	0.047	0.047	0.052
	生产用水	农业	0.389	0.399	0.275	0.353	0.332	0.368	0.337	0.394	0.420
		工业	0.083	0.078	0.084	0.088	0.088	0.099	0.088	0.088	0.088
		第三产业	0.010	0.005	0.005	0.005	0.005	0.005	0.010	0.010	0.010
	生态用水		0.005	0.005	0.005	0.005	0.005	0.005	0.005	0.005	0.005
水污染消费	废水污染		1.043	1.048	1.033	0.898	0.862	0.794	0.628	0.488	0.509
	酸雨污染		0.109	0.202	0.119	0.093	0.119	0.067	0.104	0.130	0.114
人均水资源生态足迹			2.179	2.272	2.017	2.024	2.029	1.987	1.857	1.837	1.919
人均水资源承载力			0.288	0.392	1.012	0.390	0.756	0.495	0.716	0.540	0.424
生态赤字			1.891	1.88	1.005	1.634	1.273	1.492	1.141	1.297	1.495
生态压力指数			7.57	5.80	1.99	5.19	2.68	4.01	2.59	3.40	4.53

但水资源消耗量仍很大,水产品消费量快速增长,人均水产品消费生态足迹逐年提高;农业的现代化、产业化发展对水资源需要量增加明显;废水污染人均生态足迹所占比重较大,虽呈逐年下降趋势,但废水污染在水资源生态足迹中所占份额最大。

因此,改变发展方式,通过技术创新,提高水资源利用率、污水回用率,进一步在流域水资源可承载范围内降低水资源生态赤字,缓解流域水资源生态压力是淮河流域发展的必然选择。

8.3 淮河流域发展方式选择

为确定淮河流域的发展方式,根据可持续发展要求,从经济发展、水资源利用、环境治理和产业结构四个方面综合考虑,设计流域未来发展模式的情景方案。选取 GDP 增长率、万元农业 GDP 用水量、万元工业 GDP 用水量、污水回用率、第二产业比例、第三产业比例六项指标作为发展模式考量的指标,将四个方面的六项指标进行高、中、低组合,每个指标等级设置见表 8-3,可得到 64 种情景模式。因篇幅限制选取其中具有代表性的 5-4 种情景模式,见表 8-4。

根据式(8-1)~式(8-5),计算出 4 种不同发展情景模式的 2011—2020 年水资源生态承载力、水资源生态足迹、水资源生态盈余/赤字、水资源生态压力指数,计算结果见表 8-5~表 8-8 (单位:hm^2/人)。

情景模式 1:选择经济低速发展,但同时通过节水技术的运用和污水处理水平的提高,降低单位农业 GDP 用水量和单位工业 GDP 用水量,提高节水和污水回用率,达到降低排放到水环境中污染物和提高水资源利用水平的目的。到 2020 年,淮河流域水资源承载力保持稳定,水资源生态足迹处于相对较低状态,一直处于生态盈余状态,生态压力指数稳定在 1 以下,这种发展模式下生态压力处于可控状态。

表8-3 淮河流域水资源可持续利用发展模式考量指标

等级	GDP增长率(%)		万元农业GDP用水量(m³/元)		万元工业GDP用水量(m³/元)		污水回用率(%)		第二产业比例(%)		第三产业比例(%)	
	范围	取值	范围	取值	范围	取值	范围	取值	范围	取值	范围	取值
高	≥10	11	≥0.12	0.15	≥0.01	0.015	≥40	40	≥55	55	≥40	45
中	8~10	9	0.1~0.12	0.11	0.005~0.01	0.008	30~40	35	45~55	50	30~40	40
低	≤8	7	≤0.1	0.08	≤0.005	0.002	≤30	30	≤45	45	≤30	35

表8-4 淮河流域水资源可持续利用发展情景设计方案

模式	GDP增长率(%)	万元农业GDP用水量(m³/元)	万元工业GDP用水量(m³/元)	污水回用率(%)	第二产业比例(%)	第三产业比例(%)
1	7	0.08	0.002	40	55	35
2	7	0.11	0.008	35	45	45
3	9	0.08	0.002	30	45	45
4	11	0.08	0.002	40	50	40

表8-5 情景模式1的淮河流域水资源生态足迹和生态承载力计算结果

模式1	年份									
	2011	2012	2013	2014	2015	2016	2017	2018	2019	2020
生态足迹	0.589	0.628	0.662	0.695	0.726	0.724	0.715	0.700	0.678	0.650
生态承载力	0.709	0.714	0.721	0.728	0.735	0.735	0.735	0.734	0.932	0.729
生态盈余/赤字	0.119	0.086	0.059	0.033	0.009	0.012	0.020	0.034	0.053	0.079
生态压力指数	0.831	0.880	0.918	0.954	0.988	0.984	0.973	0.954	0.927	0.892

表8-6 情景模式2的淮河流域水资源生态足迹和生态承载力计算结果

模式2	年份									
	2011	2012	2013	2014	2015	2016	2017	2018	2019	2020
生态足迹	0.589	0.628	0.671	0.713	0.753	0.804	0.854	0.902	0.949	0.994
生态承载力	0.706	0.711	0.719	0.728	0.736	0.740	0.744	0.748	0.752	0.756
生态盈余/赤字	0.116	0.083	0.048	0.015	−0.017	−0.063	−0.109	−0.154	−0.197	−0.238
生态压力指数	0.835	0.884	0.933	0.979	1.023	1.086	1.147	1.206	1.262	1.315

表8-7 情景模式3的淮河流域水资源生态足迹和生态承载力计算结果

模式3	年份									
	2011	2012	2013	2014	2015	2016	2017	2018	2019	2020
生态足迹	0.589	0.628	0.644	0.656	0.665	0.671	0.675	0.676	0.674	0.670
生态承载力	0.709	0.714	0.721	0.727	0.734	0.734	0.733	0.731	0.729	0.726
生态盈余/赤字	0.119	0.086	0.077	0.071	0.068	0.063	0.058	0.056	0.055	0.056
生态压力指数	0.831	0.880	0.893	0.902	0.907	0.915	0.921	0.924	0.925	0.923

表8-8 情景模式4的淮河流域水资源生态足迹和生态承载力计算结果

模式4	年份									
	2011	2012	2013	2014	2015	2016	2017	2018	2019	2020
生态足迹	0.589	0.628	0.644	0.657	0.667	0.673	0.679	0.685	0.691	0.696
生态承载力	0.709	0.714	0.721	0.728	0.734	0.734	0.734	0.733	0.731	0.728
生态盈余/赤字	0.119	0.086	0.077	0.071	0.068	0.062	0.055	0.047	0.039	0.031
生态压力指数	0.831	0.880	0.893	0.903	0.908	0.916	0.925	0.935	0.946	0.957

情景模式2：选择经济低速发展，同时加速第三产业发展，但该种模式仍沿用现状用水方式，水资源利用和水环境污染状况通过降低经济发展速度和调整产业结构来调控。因此，该模式的单位农业用水和单位工业用水依旧处于较高的水平，水资源生态足迹较高，水资源生态赤字呈不断扩大趋势，水资源生态压力指数处于较高水平，在2015年以后呈现不可控状态。

情景模式3：选择适中经济发展速度，同时加大产业结构调整，发展第三产业，并通过节水、提高污水回用率等措施，调整产业水资源消耗及水污染程度，使水资源生态足迹和生态承载力都保持稳定的状态，生态盈余较高，生态压力较小，处于可控状态。

情景模式4：选择经济的高速增长，产业结构尚未调整完毕，第三产业比重较低。虽然通过节水技术的运用和污水处理水平的提高，水资源的消耗也在不断下降，但该发展模式下水资源生态足迹呈逐年稳步上升趋势，生态盈余逐年减小，生态压力指数也呈稳步上升态势。

综合对比四种情景发展模式的未来生态足迹，可以确定情景模式3是最优模式。这种模式下，水资源生态足迹处于稳定状态，生态盈余较高，经济发展速度适中，经济发展和水资源利用相协调。

以上运用生态足迹的理论和方法，以流域为尺度，对淮河流域水资源生态足迹的现状进行了诊断，结果表明：当前的淮河流域发展模式还不能适应可持续发展的要求，水环境污染严重、水资源供需矛盾较大，生态压力指数处于较高水平。根据淮河流域未来可持续发展的要求，设计多情景发展模式，选择出了满足淮河流域水资源承载力要求的、经济发展和水资源利用相协同的发展模式，研究结果可为流域社会经济发展提供决策依据。

第九章 基于生态文明的流域治理政策选择

9.1 坚持经济手段,发挥市场化治理的优势

流域是一个综合性的生态系统,这就在客观上要求流域管理政策的选择要采用行政、法律、经济等多种手段。合理界定和正确行使政府职能,进一步加大制度创新和投入支持力度。在美国,流域管理局不仅有足够的资金进行防洪、航运等方面的运作,还享受国家各方面的税收优惠,形象地说就是在政府庇护下的市场自由最大化的体现;法国流域水务局除了具有一般的政府职能外,还可以代表国家收取地方省、区上缴的部分税款,然后根据情况把这些资金投入到水工程上去,同时还可向政府贷款或社会筹资,以收取水费或电费来支付利息和偿还政府贷款。因此,在流域治理过程中适度放松行政管制,以"政府主导,市场为主,公众参与"为原则,引入市场竞争机制,能够吸引到社会资本进入水务领域,减轻政府的财政负担,为流域治理提供充足的资金保障。此外,引入市场竞争机制还可以同时引入新的管理理念和治理技术,有助于更好地实现流域治理的目标。基于生态文明的流域治理,引入市场竞争机制,主要是采取PPP、BOT、TOT等公私伙伴治理方式,鼓励民间资本进入流域治理项目,实行市场化运作和企业化管理。

9.1.1 PPP 模式

(1) PPP 模式的内涵

从广义上讲,PPP(Public-Private-Partnership)即公私合营模式,指政府和企业以某个项目为基础建立起合作关系,并通过签订合同来明确双方的权利和义务,以确保合作的顺利完成,最终使合作各方达到比预期单独行动更为有利的结果。从狭义讲,PPP 是指公共部门与私人部门共同参与生产和提供物品与服务的制度安排;是政府与私人部门共同设计开发,共同承担风险,全过程合作,期满后再移交给政府的公共服务开发运营方式;是一种项目融资方式,包括合同承包、特许经营、补助等。通过 PPP 模式政府将部分责任以特许经营权方式转移给社会主体(企业),与社会主体建立起"利益共享、风险共担、全程合作"的共同体关系,从而使政府的财政负担减轻,社会主体的投资风险减小。PPP 模式比较适用于公益性较强的废弃物处理或其中的某一环节,如有害废弃物处理和生活垃圾的焚烧处理与填埋处置环节。PPP 模式的结构如图 9-1 所示。

(2) PPP 模式在流域治理中的运用

在流域治理中,政府可以通过招标,将流域开发与治理的相关工程交给中标公司,由中标公司出资建设大坝、水电站、污水处理厂等,并获得一定年限的特许经营权。将 PPP 模式引入流域治理中,可以充分发挥市场机制在流域治理中的优势,一方面可以利用私人部门的专门技能,避免流域基础设施项目建设超额投资、工期拖延、质量差等弊端,提高流域公共产品和服务的效益;另一方面项目建设与经营过程中的资金、风险由政府与中标公司共同承担,可以分散政府的投资风险,减轻政府在流域治理中的财政负担。

9.1.2 BOT 模式

(1) BOT 模式的内涵

BOT(Build-Oporate-Transfer)是私人资本参与基础设施建

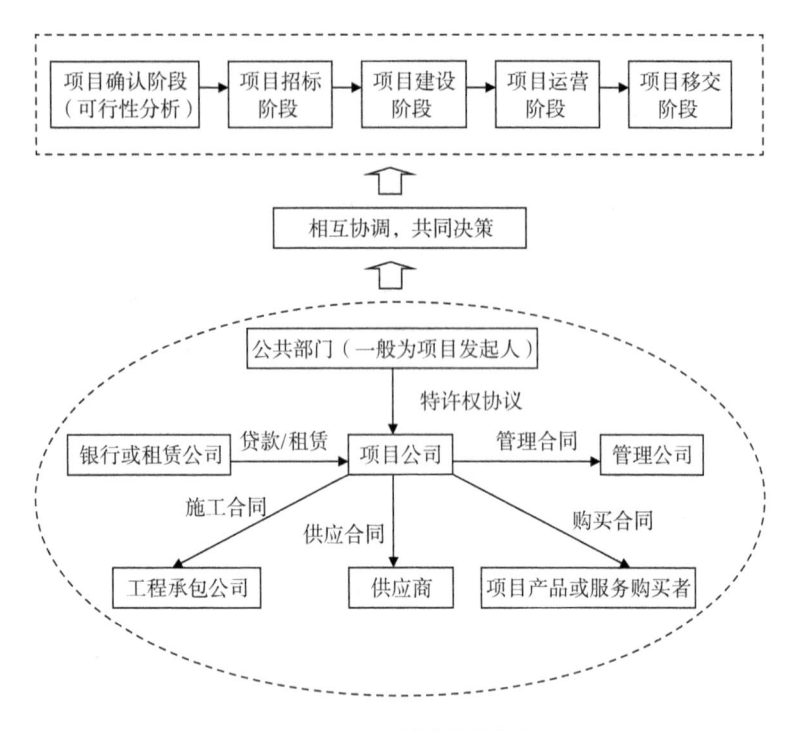

图 9-1 PPP 模式结构框架

设,向社会提供公共服务的一种特殊的投资方式,包括建设(Build)、经营(Operate)、移交(Transfer)三个过程,指政府通过契约授予私营企业(包括外国企业)以一定期限的特许专营权,许可其融资建设和经营特定的公用基础设施,并准许其通过向用户收取费用或出售产品以清偿贷款、回收投资并赚取利润。特许权期限届满时,该基础设施无偿移交给政府。BOT 模式的结构如图 9-2 所示。

(2) BOT 模式在流域治理中的运用

将 BOT 模式运用到流域治理中去,可以将"看得见的手"与"无形的手"结合起来,充分发挥两者的优势。一方面,BOT 能够发挥市场机制的作用。政府引入市场竞争机制,以招标方式确定

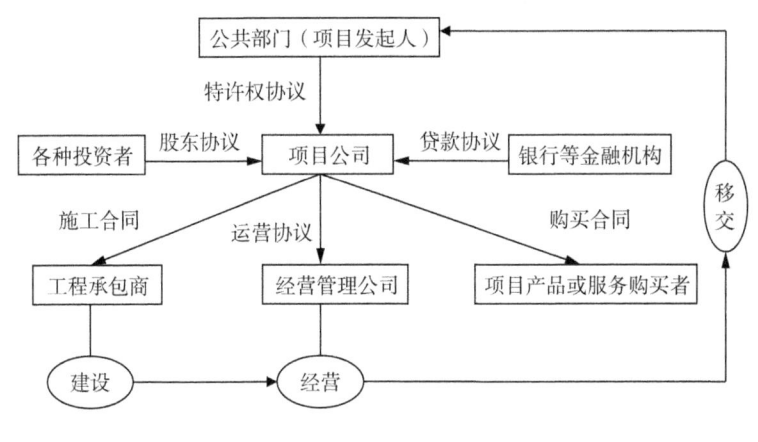

图 9-2　BOT 模式结构框架

流域治理工程项目的中标公司。作为市场主体的中标公司成为流域治理工程项目的行为主体,在特许期内对所建工程项目拥有完备产权,在项目实施过程中的行为完全符合经济人假设。另一方面,BOT 为政府干预提供有效的途径。尽管项目中标公司拥有所建工程项目的产权,但政府自始至终都拥有对项目的控制权。在立项、招标、谈判三个阶段,政府的意愿起着决定性的作用。在履约阶段,政府又具有监督检查的权利,项目经营中价格的制定也受到政府的约束,政府还可以通过通用的 BOT 法来约束项目中标公司的行为。

9.1.3　TOT 模式

(1) TOT 模式的内涵

所谓 TOT(Transfer-Operate-Transfer)模式,是指政府部门或国有企业将建设好的项目的一定期限的产权或经营权,有偿转让给投资人,由其进行运营管理;投资人在约定的期限内通过经营收回全部投资并得到合理的回报;双方合约期满之后,投资人再将该项目交还政府部门或原国有企业的一种融资方式。TOT

模式的结构如图 9-3 所示。

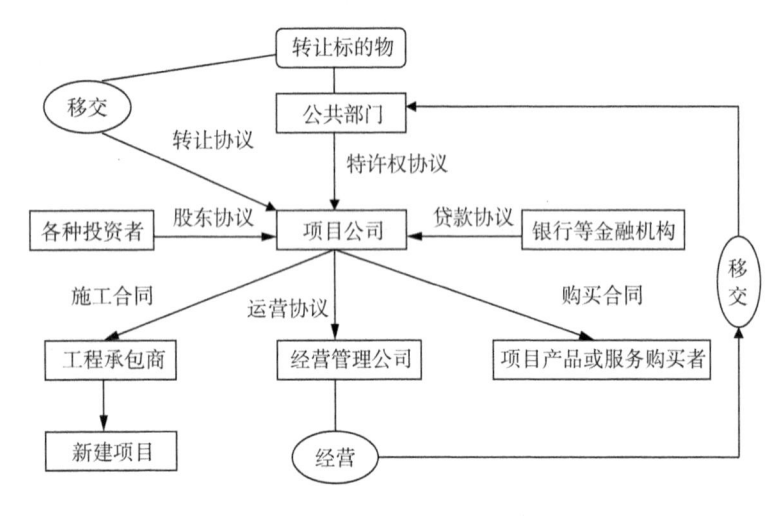

图 9-3 TOT 模式结构框架

（2）TOT 模式在流域治理中的运用

TOT 模式下，政府将流域治理相关工程项目移交出去后，能够取得一定资金，用以建设其他流域治理工程项目。与 BOT 方式相比，TOT 方式只涉及经营权转让，不存在产权、股权之争。

此外，TOT 方式有利于盘活国有资产存量，为新建流域基础设施筹集资金，加快流域开发与治理的步伐。

9.1.4 PPP、BOT、TOT 公私伙伴治理方式比较分析

PPP、BOT、TOT 作为三种公私伙伴治理的融资方式各有优点，但是它们的应用条件有别、适应环境各异，而且政府在其中所起的作用、承担的风险和代价也不同。表 9-1 是对三种公私伙伴治理方式的比较。

相比较而言，PPP 模式更多地适用于政策性较强的准经营性公共基础设施项目建设。这些项目有一定的现金流入，但无法实现自身的收支平衡。政府需要对这类项目给予一定的政策倾斜

和必要的资金补偿。这类项目政策性较强,要求政府对这些项目有较强的调控能力。

表 9-1 PPP、BOT、TOT 公私伙伴治理方式对比

比较对象	模式		
	PPP	BOT	TOT
短期内资金获得的难易程度	较易	难	易
项目所有权	部分拥有	拥有	可能部分或全部失去
项目经营权	部分拥有	失去(转交之前)	可能部分或全部失去
融资成本	一般	最高	一般
融资所需要的时间	较短	最长	一般
政府风险	一般	最大	一般
政策风险	一般	大	一般
对宏观经济的影响	有利	利弊兼具	有利
适应范围	有长期、稳定现金流的项目,特别是准经营性项目	有长期、稳定现金流的项目	有长期、稳定现金流的已建成项目

9.2 创新公众参与机制,构建流域治理的多方博弈平台

9.2.1 公众参与流域治理的意义

(1) 弥补政府失灵

一直以来,政府在流域治理的各项活动中起主导性作用。久而久之,社会各界就会对政府产生很强的依赖性,认为流域治理是政府的事,过于相信政府。这种依赖性使政府在政策的制定和执行过程中,由于缺少公众这一主体的参与而容易出现偏颇甚至是"失灵"。因此,公众减少对政府的依赖性,参与到流域治理中

来,在一定程度上可以弥补政府的决策失误。

(2) 保障决策科学

流域治理决策是一项综合性决策,横跨多学科、多领域,涉及多部门、多地区的利益。计划经济体制下,政府决策大多是依据某一部门或某一地方的利益考量,独自决策,没有很好地进行跨部门、跨地域协调联动,公众参与更少。在此背景下许多决策制定的脱离了实际,往往在后期执行过程中出现许多问题。因此,流域治理相关决策的制定、出台不能"单兵作战",需要社会公众的广泛参与。广泛的公众参与会让环境决策更加透明、科学、合理,便于后期的贯彻执行。

(3) 发挥公众监督作用

一直以来,流域开发与治理工作的监督都主要依赖于政府或相关职能部门,政府在流域治理中扮演着管理者和监督者的双重角色,不利于监督工作的有效开展。发达国家的经验表明,公众的监督不仅是流域环境质量得以长久维持的内在因素,而且是监督政府、企业履行流域环境管理和保护义务的主力军。因此,要鼓励公众参与到流域治理工作中,充分发挥人民群众的监督作用。

9.2.2 公众参与流域治理存在的问题

(1) 环保意识低

流域生态环境的保护与改善需要社会各界的共同努力,需要丰富公众的环保知识,增强公众的环保意识,提高公众自觉参与环保的主动性和积极性。只有全员参与流域生态环境保护,才能加快流域治理的进程,改善流域生态环境。但在实际生活中,公众对于环境保护知之甚少,对于环境法的了解也不多,意识不到参与环境保护的重要性和紧迫性,也就难以形成参与环境保护的观念。即便是一些环保部门的"专业人士",其环保意识也不强,难以在实际工作中去指导公众参与到环境保护中发。由此可见,增强公众环保参与意识势在必行。

（2）缺乏法律保障

目前，很多国家都在立法中明确规定了公众参与的方式与内容，如美国《国家环境政策法》规定，美国公众享有广泛的权利，行政机关必须通过"说明会""公示""听证会"等方式，使公众广泛了解决策的过程、内容和结论；并且规定了相当详细的参与时间、方式和参与的过程，具有很强的公开性。我国公众参与环境保护的法律依据主要有宪法与环境保护法。从表面上看，国家对公众参与环境保护活动，在立法上予以鼓励，规定了公众参与的各种途径和程序，对公民的环境保护参与权予以一定的法律保障。但从严格意义上看，我国的环境法中并没有成熟的公众参与制度，仅从形式上满足了公众参与的需求，对于公众参与的方式、内容等还存在空白。公众因没有明确的权利和义务而无法真正参与到流域治理实践中。如我国《水污染防治法》（1996年修订版）第十三条规定："环境影响报告书中，应当有该建设项目所在地单位和居民的意见。"《环境影响评价法》第五条规定："国家鼓励有关单位、专家和公众以适当的方式参与环境影响评价。"但这只是原则性的鼓励公众参与的条款，缺乏具体条文的支撑。

（3）参与机制不健全，参与渠道不畅

要调动公众参与的积极性，参与渠道必须畅通，且要有一系列保障机制、制度体制作支撑。然而，在流域治理实践中没有建立起完善的信息公开制度、交流对话制度、社会监督制度、公益诉讼制度等，不能完全保障公众的知情权、表达权、监督权和诉讼权。知情权是公民参与流域生态环境保护的前提条件、客观要求和基础。然而目前我国在信息公开方面存在一定缺陷，信息透明度不够，公众关于流域治理相关信息的知情权难以得到保障。从而使许多流域环境事务都在政府内部寻求处理，一般公众无法获取足够的信息。信息不公开、不充分、不及时，导致公众参不能真正实现。没有完善的交流对话制度，公众不能及时地将自己的意见和建议传达给流域管理机构以及其他相关政府部门,因而不能很好地行使自己的表达权。社会监督制度的不完善,导致公众不能对政府的行政决策以及行政执法过程进行很好地监督,进而导致政府管理失灵。缺乏完善的公益诉讼制度,使公众在所处的流域环境遭到破坏的时候,不能通过有效的途径维护自己的公共权益。参与机制不健全、渠道不畅通,使得一些人根本无法参与,或有心参与却苦于无门,在现实中也难以转化为实际的参与行动。目前的一些"参与"主要还限于少数人大代表和政协委员的提案、建议或影响甚小的群众来信来访等等,公众参与程度较低。

9.2.3 公众参与流域治理的对策与建议

(1) 加强环境教育,转变思想观念

公众行为对环境的影响在过去并不明显,但随着人口的增长,尤其是消费水平的提高,公众行为对环境影响将越来越大。从全球来看,生活垃圾数量占整个固体废物数量的比例大大超过了工业废弃物所占比例。公众作为消费者,对环境保护负有不可推卸的责任。环境意识是衡量一个国家和民族文明程度的重要标准。在我国公众环保意识还比较低的情况下,应大力开展全民性的环保教育活动,通过学校、大众传媒和社会组织进行宣传,利用自然保护区、国家公园、动物园和植物园等场所进行宣传,鼓励公众组织并参加环保社团,使环境保护成为每个公民自觉的行为。

(2) 完善法律法规体系,提供法律保障

通过宪法和环境保护法确立公民的环境权和环境义务,是公众参与流域环境保护的决定性因素。公民环境权是指公民有在良好适宜的环境中生存的权利,如清洁水权、清洁空气权和宁静权等;公民的环境义务是指公民在享有环境权的同时,还对保护所在地区环境不受破坏承担着一定的责任。中国环境立法的一个重要特征是明确强调政府在环保中的权利和责任,而对公众在环保中的地位和作用的规定不太明确。要发挥公众参与的作用，必须扩展环境权益，明确公众全面参与环境保护的权利和义务。公众环境权益应包括公众知情权、表达权、监督权、诉讼权等，公众的环境义务主要包括向相关政府部门建言献策、监督政府部门的行政执法过程以及采取绿色环保生活方式等。鼓励公众参与流域治理实践，必须完善相关法律法规，把公众的权利和义务写进法律法规，为公众参与提供法律保障。

(3) 健全相关机制，拓宽参与流域治理渠道

① 流域治理信息公开制度，保障公众的知情权。公众有从政府机构获取流域环境信息的权利，政府有公开流域环境信息的义务。公众只有了解了流域治理的相关信息，才能积极地参与到流域治理中去。建立健全信息公开制度，保障公众的信息知情权，是公众参与流域治理的前提和基础。建立健全信息公开制度，首先要确认公众信息知情的范围。总体而言，公众获取流域环境信息的范围大致包括以下内容：

a. 流域治理政策法规信息，如法规的规定、环境法的立法状态等；

b. 流域管理机构信息，如流域管理机构及其职责权限的信息、与环境管理机构沟通的程序和方法等信息；

c. 流域环境状态信息，如气候、水污染指数、水文水资源状况、环境质量指数、环境破坏状况、环境资源状况等；

d. 流域环境科学信息，主要是有关环境原理的一些数据、科学研究成果、科学技术信息等；

e. 流域环境生活信息，主要是有关流域内城乡居民日常生活注意事项的信息，如垃圾分类堆放、节约水电、低碳出行等有利于流域生态环境改善的生活方式等。

其次要建立信息知情的保障机制。政府按一定程序和途径公开法律规定应当公开的环境信息，或赋予公众按一定程序申请获知相关信息的权利；公众知情权受到侵害时有相应的权利救济

机制。

② 流域治理交流对话制度，保障公众的表达权。

a. 立法参与。立法参与就是在流域治理相关法律、行政法规和规章的制定过程中，公众根据法律的规定，以自愿的方式，通过各种途径发表意见，影响国家立法决策的活动。立法过程是一种体现民意、体现共识的过程，需要公众的参与，需要公众提供意见和建议。无论法律的逻辑多么严密、内容多么专业，如果脱离了公众的理解水平，只能被束之高阁，难以在实际生活中发挥作用。公众参与立法主要有两种途径：一是间接参与立法，公众通过选举人大代表提出立法动议，间接参与相关立法活动；二是直接参与立法，在立法机关将相关环境立法草案向社会公开征求意见时，公众通过听证会、论证会、座谈会等方式对法规草案提出自己的意见和建议。

b. 行政参与。行政参与包括行政决策参与和行政执法参与两个方面。公众参与政府行政，一方面可以对政府的行政权进行有效的监督和控制，保障政府权力的合法行使；另一方面可以协助政府更好地进行流域管理，改善流域生态环境。公众参与行政决策主要是通过听证、提供意见、行政救济、社区组织、公民投票等方式，对流域环境质量标准、污染物排放标准或其他环境标准的设立，流域生态环境的评价，环保法令的执行，环保调查与监测，高度污染性设施和大型开发项目的设立等流域治理相关事项提出意见和建议。公众参与行政执法活动主要体现在两个方面：一是监督性参与，指公众通过各种途径和形式对行政执法机关及其工作人员执法行为的合法性和合理性进行监督，促使其依法执法，维护流域环境秩序；二是支持性参与，指公众对行政执法机关的执法行为提供正面的支持和帮助，如提供流域环境信息、对破坏流域生态环境的行为进行检举、揭发等。

③ 流域治理社会监督制度，保障公众的监督权。公众的监督权是指公众对政府和企业做出的对流域环境状况构成现实的或

者潜在影响的政策和决策具有质询、提出异议的权利,以及对破坏环境者的检举和揭发权利。建立健全社会监督机制,即明确公众对环境的监督权利和义务,并使这种权利能够得到实现。目前,我国环境公众监督机制仍存在不少问题,其中最为明显的,是公众缺乏必要的条件、方法、途径和手段行使监督权。完善我国环境公众监督机制,必须尽早解决环境公众监督机制的实现条件和法律保障方面的问题。知情权是公众行使其环境监督权的前提条件,只有对正在进行或者即将进行的活动有充分的了解,公众才有可能行使进一步的监督权。在环境公众监督机制中,知情不是最终目的,而是行使监督权的前提条件。在知悉环境信息后,公众尚需通过适当的途径和手段,采取相应的行动,以矫正环境违法行为。

④ 流域治理公益诉讼制度,保障公众的诉讼权。公益诉讼是指因公众环境利益受到损害而提起的诉讼,即公众对于违反环境保护法律法规和政策,致使环境受到损害或可能致使环境受到损害的行为,通过司法途径使受到损害的环境得到恢复,或使可能受到损害的环境免受破坏。公益诉讼制度则指公众对环境诉讼（包括环境行政诉讼、环境民事诉讼和环境刑事诉讼）的提起、参加及对诉讼结果的执行等相关法律规定和程序。在流域环境保护中,应该给予公众独立的法律地位与诉讼资格,建立环境公益诉讼制度。在我国现行的环境诉讼法律规定中,唯有直接受害人才有权提起诉讼。由于环境权益不仅仅属于私人权益,更属于社会公益,在欧美各国的环境法中,都普遍采用了环境公益诉讼制度。我国司法应参照国际上的一些做法,逐步扩大环境诉讼的主体范围,从环境问题的直接受害者扩大到政府环境保护部门,扩大到具有专业资质的其他环保组织,再扩大到更广阔的公众主体,将公众日趋增长的环境权益要求纳入规范有序的管理。同时,由于环境诉讼涉及许多十分专业的技术问题,要证明环境侵权行为的违法性和侵权者的故意或过失、确定侵权行为与损害发

生之间的因果关系等存在一定的难度。为减轻公众在环境诉讼中的成本,一方面要为公众普及这方面的专业知识,另一方面要修正传统民事理论,借鉴忍受限度论、疫学因果关系理论、环境权学说等,形成无过失责任原则。

9.3 创新流域规划体系,加强流域的科学论证和综合治理

9.3.1 流域规划的总体思路与安排

(1) 总体思路

科学的规划在空间上需要协调好各产业之间、生产与生活、整体与局部、干支流、上下游、水资源与土地和生物、植物资源以及流域内各行政区的利益等方面的关系;在时间上,既要有短期目标,又要有长远的战略目标。流域规划是个多目标的体系,必须强调其综合性、科学性、战略性和有效性,优化国土空间开发格局。今后我国的流域治理首先要改变重经济、轻生态环境,重河湖本身的治理、轻流域的综合治理开发,先污染、后治理等观念;在对河湖流域进行一般规划的基础上,要重点对一些重要的河湖进行全流域的综合规划。坚持科学发展、绿色发展,在水资源开发利用过程中高度重视对河流生态环境和地下水系统的保护。确定并维持河流合理流量和湖泊、水库以及地下水的合理水位,保障生态用水基本需求。

(2) 指导思想

按照全面建设社会主义现代化、构建社会主义和谐社会、推进社会主义新农村建设的要求,坚持科学治水、依法管水,坚持全面规划、统筹兼顾、标本兼治、综合治理。以建设资源节约型和环境友好型社会、促进人与自然和谐共生、维护河流健康为主线,对我国主要江河流域的治理、开发和保护进行战略性、全局性、前瞻

性的规划和部署。着力提高流域综合防洪减灾、水资源配置、生态环境保护、水资源综合利用和综合管理能力,实现水资源的优化配置、全面节约、有效保护和综合利用,以水资源的可持续利用支撑经济社会又好又快发展。

(3) 基本原则

① 坚持以人为本、人与自然和谐共生。把保障人民群众的切身利益作为规划修编的出发点和落脚点,优先解决人民群众最关心、最直接、最现实的饮水安全、防洪安全等问题;遵循自然规律、市场规律和发展规律,维护河流健康,促进人与水的和谐。

② 坚持统筹协调、开发与保护并重。统筹考虑流域经济社会发展需要和水资源与水环境承载能力,统筹安排流域防洪、供水、发电、航运、生态环境保护等任务,正确处理流域与区域、上下游、左右岸以及行业之间的关系,兼顾经济、社会和生态效益。

③ 坚持综合治理、强化管理。合理安排流域治理、开发和保护的重大布局,研究制定流域综合管理的政策措施,强化水资源的统一管理和统一调度。

④ 坚持因地制宜、远近结合。根据流域自然条件、经济社会发展水平以及水资源开发利用程度,抓住流域治理和水资源开发利用与保护的主要矛盾,结合流域特色,按照轻重缓急,合理确定近期与远期的规划目标、任务、重点和实施方案。

(4) 主要任务

① 系统分析全球气候变化和流域下垫面条件改变对流域洪水、干旱、水资源、生态环境以及河流情势的影响;深入分析流域水资源开发利用现状;以满足流域水资源可持续利用、维护河流健康为前提,科学分析流域水资源和水环境对经济社会发展的承载能力。

② 科学论证和统筹协调兴利与除害、开发与保护、整体与局部、近期与长远的关系,以实现开发与保护并重、整体与局部双赢、近期与长远兼顾为目标,明确流域治理、开发与保护的优先领

域和顺序，充分发挥河流的多种功能和综合利用效益。对生态良好的流域，要协调好流域开发和保护的关系；对生态严重恶化的流域，要提出有效遏制流域生态恶化的修复与保护措施。

③ 按照保护流域生态环境、促进流域经济社会可持续发展的要求，合理确定水资源开发利用、水生态环境保护、水能开发、河流岸线利用等方面的控制性指标；制定流域防洪、水资源利用和保护、节水、灌溉、水能开发、河流生态、水土保持、航运等规划目标；拟定流域各类河流河段的功能区划，明确不同河流河段治理、开发和保护的功能定位及其目标和任务。

④ 根据流域治理、开发与保护的目标，研究提出新形势下流域综合规划方案和各专业规划方案，分别对各流域的水资源开发、利用、节约、保护和水旱灾害防治工作做出总体部署，科学确定流域防洪减灾的总体布置，合理安排水资源开发、利用与保护等方面的重大工程布局。

⑤ 合理估算流域综合规划实施的投资需求，科学评价规划实施对环境的影响，综合分析规划实施的经济效益、社会效益和生态效益。

⑥ 根据流域各类河流河段的功能区划和规划方案，按照维护河流健康、保障水资源可持续利用、履行政府社会管理职能的要求，研究提出保障河流功能有效发挥、加强流域管理的政策措施。

9.3.2 流域规划的内容体系

科学合理的流域规划应该包括基础工作规划、总体规划方案、重要专业规划、涉水行业规划意见以及流域综合管理等几个方面，如图 9-4 所示。

(1) 基础规划

重点是对已有的专业规划及行业规划等相关规划成果和资料进行分析、整理、协调与衔接；原则上不安排流域综合规划修编的外业勘察工作，必要时进行少量的补充收集和调查。

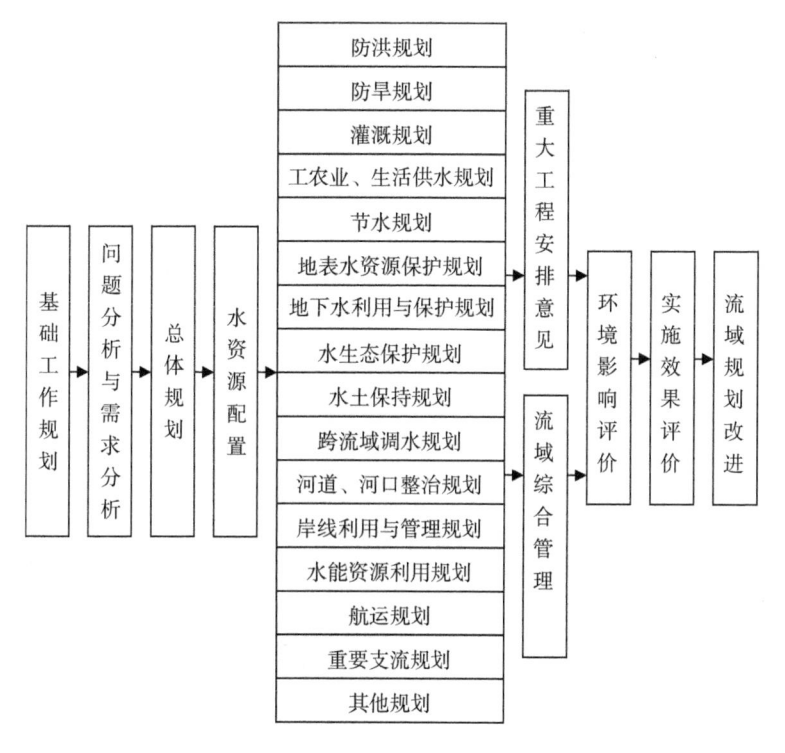

图 9-4 流域规划内容体系

（2）总体规划

重点分析全球气候变暖和下垫面变化对水资源、防洪的影响，提出相应的对策措施。从促进流域可持续发展的目标出发，研究制定流域水资源开发利用与节约用水、水生态修复与环境保护、水能资源开发、河流岸线利用等方面的控制性指标，明确河流河段的功能定位，提出符合流域可持续发展要求的总体规划方案。

（3）专业规划

防洪、水资源、灌溉、供水、水资源保护等重要专业规划：立足于已有防洪规划，或即将完成的水资源综合规划、水资源保护等相关规划成果，对个别地方进行必要的复核，提出合理的发展规模、总体布局、主要控制性指标和水功能区划。

地下水开发利用与保护、岸线利用与管理等重要专业规划：在已有的地下水功能区划等部分成果基础上开展相关工作。主要研究提出地下水限采等控制性指标，以及地下水保护、岸线利用等功能区划。

（4）涉水规划

水能资源开发利用、航运等涉水行业规划：主要根据流域综合利用和加强流域综合管理的要求，对相关行业规划成果进行必要的复核，提出有关的规划意见和河流、河段的功能定位。

（5）综合管理

根据流域水资源承载能力和水环境承载能力，以及不同河流河段的功能定位和目标任务，研究提出有效实施流域综合管理的制度、政策措施和数字流域建设等。

9.4 创新与完善流域相关立法，为流域治理提供法律保障和依据

9.4.1 引入综合生态系统管理理念以修订完善相关法律

目前，我国很少有全面体现综合生态系统管理的法律。虽然已经制定一些冠以"生态"或"生态环境"的地方法规或规范性文件，但是从总体上看，我国环境资源法律中的综合生态系统管理理念或原则还不明确、具体，甚至在一些法律之间还存在冲突现象。为此，应当修改完善环境保护法，增加综合生态系统管理的基本原则、调节机制、调整范围、调整手段、总括性的法律责任等内容的规定。作为环境资源保护的单行法或部门法，应体现综合生态系统管理的理念，立法和修法应当着重于各部门法或单行法之间的衔接统一，消除法律之间的冲突现象。同时，引入综合生态系统管理理念，必须重视多部门参与和多学科手段的运用，强

调平衡局部利益和整体利益、短期利益和长远利益。

9.4.2 制定专门的《流域管理法》

在流域管理领域,我国至今还没有一部完整、系统的流域管理法,对流域管理的规定都是散见于《水法》《防洪法》等法律法规中。同时,对流域内其他自然资源和环境保护的管理,则由环保、林业、农业、草原、土地等主管部门分别根据《环境保护法》《森林法》《农业法》《草原法》《野生动物保护法》《土地管理法》进行管理。这种缺乏综合生态系统管理理念指导、按环境因子和自然资源要素分类立法的模式弊端更为明显:由于按环境因子和自然资源要素分类制定的法律,往往都规定了以不同部门为主的监督管理体制,而这些部门之间又缺乏相应的协调机制,因此形成了对流域内水、土、植被、生物多样性保护、农业生产、工业布局、污染防治、水土流失和荒漠化防治等的分割管理,从而导致立法目标及立法内容之间的相互冲突。因此,应当以综合生态系统管理理念为指导,制定统一完整的《流域管理法》,改变流域管理缺乏有效法律指导的现状。在《流域管理法》中,对体现流域管理特色的水权管理制度、流域生态阈值管制制度、流域产业发展制度、流域环境资源产权制度、流域生态补偿制度、流域生态保护基金制度、流域投资制度、流域环境教育及培训制度作出明确规定。

9.4.3 出台流域性生态系统保护法规

《中华人民共和国水法》确立了我国流域与行政区域相结合的水资源管理体制,为我国的流域治理指明了方向。但《水法》规定的管理体制与相关的法律尚不配套。此外,自然因素与社会因素的诸多差异导致了各流域水资源保护重点的区别,如淮河流域以防治已经出现的严重水污染为主,黄河流域以水土保持为重点,松辽流域预防与治理并重,长江要以预防为主;作为西部干旱半干旱地区典型流域的塔里木河流域和石羊河流域应以生态恢复和重建为主。为此,国家和各省级行政区域要围绕《水法》制定配套法规,理顺水资源管理体制,切实实现流域、行政区域的水资源统一管理。各省(市、区)应当从各自流域的具体特点出发,尽早出台《水法》实施办法和地方水资源管理条例等地方性法规,为流域生态恢复和重建、经济和社会发展提供法律保障。

我国流域管理法律体系,应是由根本法、环境保护法、环境保护单行法及其实施细则、流域管理法、流域性生态系统保护法,中央立法和地方立法,实体法和程序法构成的一个协调统一的系统,如图9-5所示。

宪法作为根本法,明确规定了水资源的国家所有权,并规定了森林、草原的国家所有权和集体所有权。作为环境保护基本法的环境保护法应当全面体现综合生态系统管理理念,为流域管理提供总的指导原则。以自然资源要素为主的自然资源法、以环境因子为主导的污染防治法及其他法律是我国环境保护的单行法律,其效力当然适用于各流域。流域管理法是体现综合生态系统管理理念、可持续发展的综合性法律,对各流域立法具有统率全局的指导和规范作用,具有特别法性质。当环境保护单行法和流域管理法发生冲突的时候,依照特别法优于普通法的法理,流域管理法的效力优先。×河流域管理条例等流域性生态系统保护法是施行于各具体流域的地方性法规,应当对各自流域的自然资源开发利用、保护规划、工业产业布局及农业结构调整作出明确规定。

第九章 基于生态文明的流域治理政策选择

```
流域管理法律体系
├── 根本法 ──《宪法》
├── 环境保护基本法 ──《环境保护法》──《大气污染防治法》
│                              ──《水污染防治法》
│                              ──《固体废物污染环境防治法》
├── 环境保护单行法 ──污染防治法 ──《水法》
│                 ──自然资源法 ──《土地管理法》
│                 ──其他法     ──《森林法》
│                              ──……
├── 流域管理法 ──《流域管理法》──《水土保持法》
│                              ──《防洪法》
│                              ──《防沙治沙法》
│                              ──……
└── 流域性生态系统保护法规 ──《长江流域管理条例》
                          ──《黄河流域管理条例》
                          ──《淮河流域管理条例》
                          ──……
```

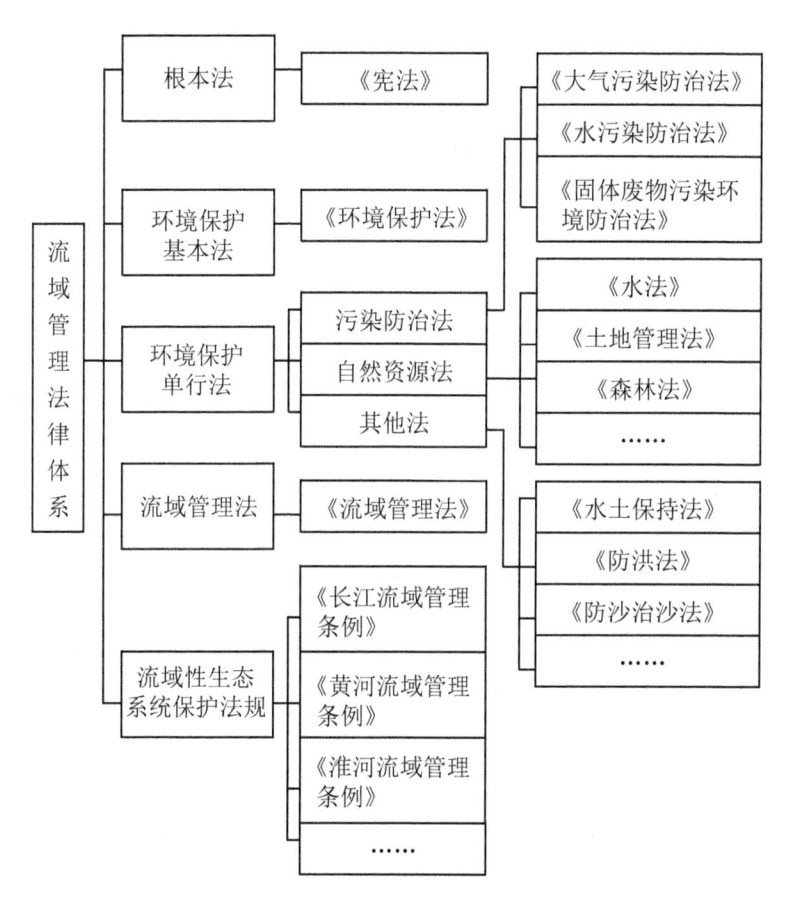

图 9-5　流域管理法律体系

147

主要参考文献

[1] Lowery B, Swan J, Schumacher T, et al. Physical properties of selected soils by erosion class[J]. Journal of Soil and Water Conservation, 1995, 50(3): 306-311.

[2] Warkentin B P. The changing concept of soil quality[J]. Journal of Soil and Water Conservation, 1995, 50(3): 226-228.

[3] Halvorson J J, Smith J L, Papendick R I. Issues of scale for evaluating soil quality[J]. Journal of Soil and Water Conservation, 1997, 52(1): 26-30.

[4] Poesen J W, Torri D, Bunte K. Effects of rock fragments on soil erosion by water at different spatial scales: a review[J]. Catena, 1994, 23(1-2): 141-166.

[5] Bunte K, Poesen J W. Effects of rock fragment covers on erosion and transport of noncohesive sediment by shallow overland flow[J]. Water Resources Research, 1993, 29(5): 1415-1424.

[6] McCuen R H. A guide to hydrologic analysis using SCS methods[M]. New Jersey: Prentice-Hall, 1982.

[7] 赵人俊. 流域水文模拟: 新安江模型与陕北模型[M]. 北京: 水利电力出版社, 1984.

[8] Singh V P. Computer models of watershed hydrology[M]. Colorado: Water Resources Publications, 1995.

[9] 梁忠民, 戴荣, 李彬权. 基于贝叶斯理论的水文不确定性分析研究进展[J]. 水科学进展, 2010, 21(2): 274-281.

[10] 阚光远, 刘志雨, 李致家, 等. 新安江产流模型与改进的BP汇流模型耦合应用[J]. 水科学进展, 2012, 23(1): 21-28.

[11] 黄国如,芮孝芳,石朋. 泾洛渭河流域产汇流特性分析[J]. 水利水电科技进展,2004,24(5):21-23.

[12] 赵春来,张燕萍,陈文静,等. 鄱阳湖渔业水域生态修复的探讨[J]. 江西水产科技,2011(4):46-48.

[13] Johst K, Drechsler M, Wätzold F. An ecological-economic modelling procedure to design compensation payments for the efficient spatio-temporal allocation of species protection measures [J]. Ecological Economics,2002,41(1):37-49.

[14] Mason M. Civil liability for oil pollution damage: examining the evolving scope for environmental compensation in the international regime[J]. Marine Policy,2003,27(1):1-12.

[15] Herzog F, Dreier S, Hofer G. Effect of ecological compensation areas on floristic and breeding bird diversity in Swiss agricultural landscapes [J]. Agriculture, Ecosystems and Environment,2005,108(3):189-204.

[16] Mooney H A, Cropper A, Reid W. The millennium ecosystem assessment: what is it all about? [J]. Trends in Ecology and Evolution,2004,19(5):221-224.

[17] Schaeffer D J, Novak E W. Integrating epidemiology and epizootiology information in ecotoxicology studies: III. Ecosystem Health [J]. Ecotoxicology and Environmental Safety,1988,16(3):232-241.

[18] 纪鹏程. 湖泊生态系统健康评价与湖泊治理[D]. 南京:河海大学,2009.

[19] 董哲仁. 河流治理生态工程学的发展沿革与趋势[J]. 水利水电技术,2004(1):39-41.

[20] 张帆,王利,连飞. 应用地理信息系统(GIS)监测河北省蔚县水土流失治理成效[J]. 中国沙漠,1998,18(2):175-177.

[21] 赵晓丽,张增祥,王长有,等. 基于RS和GIS的西藏中部地区土壤侵蚀动态监测[J]. 土壤侵蚀与水土保持学报,1999(2):44-50.

[22] 张登荣,朱建丽,徐鹏炜. 基于卫星遥感和GIS技术的水土流失动态监测体系研究[J]. 浙江大学学报(理学版),2001(5):577-582.

[23] 李清河. 黄土区小流域土壤侵蚀系统模拟研究[J]. 中国水土保持,2002(7):41.

[24] 陈伯让.黄河水土保持生态工程建设实践[J].中国水土保持,2002(10):10-11.

[25] 刘明华,董贵华.RS和GIS支持下的秦皇岛地区生态系统健康评价[J].地理研究,2006(5):930-938.

[26] 张杰.依生态工程建设促进小流域经济[J].水土保持应用技术,2007(2):39-40.

[27] 朱雷,刘琴,周思迪,等.小流域河流综合治理的研究[J].环境科学与管理,2009,34(5):135-137.

附录

水利部关于强化流域治理管理的指导意见

水办〔2022〕1号

部机关各司局,部直属各单位,各省、自治区、直辖市水利(水务)厅(局),各计划单列市水利(水务)局,新疆生产建设兵团水利局:为进一步强化流域治理管理,大力提升流域治理管理能力和水平,推动新阶段水利高质量发展,提出如下意见。

一、总体要求

(一)指导思想

以习近平新时代中国特色社会主义思想为指导,全面贯彻党的十九大和十九届历次全会精神,完整、准确、全面贯彻落实习近平总书记"十六字"治水思路和关于治水重要讲话指示批示精神,强化流域统一规划、统一治理、统一调度、统一管理,全面提升流域水安全保障能力,推动新阶段水利高质量发展,为经济社会持续健康发展提供有力支撑。

(二)基本原则

——遵循自然规律。从降水以流域为单元产流、汇流、演进的客观规律出发,统筹实施流域治理管理的各项措施。

——坚持系统观念。把流域作为一个有机整体和基本单元,统筹上下游、左右岸、干支流,统筹全流域治理、全要素治理、全过程治理,加强前瞻性思考、全局性谋划、战略性布局、整体性推进。

——依法履行职责。强化法治思维,严格执行法律法规规定,依法履行流域治理管理职责,确保法律法规授予的流域治理管理职责落到实处。

——完善治理管理机制。健全流域治理管理体系,强化流域管理机构职能和责任,充分发挥流域管理机构作用,大力提升流域治理管理能力和效能。

——注重流域区域协同。坚持流域管理与区域管理相结合,流域治理管理为区域经济社会发展服务,区域发展与流域资源环境生态承载能力相适应,推动流域与区域协同发展。

二、强化流域统一规划

(三)制定修订流域综合规划。流域综合规划是流域保护治理的重要依据,具有战略性、宏观性、基础性。要立足流域整体,科学把握流域自然本底特征、经济社会发展需要、生态环境保护要求,制定或修订流域综合规划。流域综合规划要与国民经济和社会发展规划、国土空间规划等相关规划衔接,正确处理需要与可能、除害与兴利、开发与保护、上下游、左右岸、干支流、近远期的关系,对流域水资源节约集约安全利用、水旱灾害防治、水生态保护治理等做出总体安排,构建流域开发治理保护的整体格局。未编制流域综合规划的,要及时组织编制;已有流域综合规划的,要根据流域内经济社会发展变化适时开展规划实施情况评估,并根据评估结果及时进行修订。

(四)完善流域专业(专项)规划体系。以流域综合规划为遵循,细化深化实化综合规划的有关要求,形成定位准确、边界清晰、功能互补、统一衔接的流域专业(专项)规划体系。把握洪水发生和演进规律,完善流域防洪规划,系统规划流域内河道及堤防、水库、蓄滞洪区建设,提高河道泄洪能力、洪水调蓄能力和蓄滞洪区分蓄洪功能,统筹安排洪水出路和空间。立足流域水资源时空分布,研判把握水资源长远供求趋势,强化水资源刚性约束,以水而定、量水而行,完善流域水资源规划,增强流域水资源统筹调配能力、供水保障能力、良好生态维系能力、战略储备能力。充分考虑流域防洪安全、河势稳定、供水安全、生态安全等要求,统筹岸线资源、砂石资源保护与经济社会发展需求,完善流域岸线保护利用和采砂规划,对岸线、砂石开发利用实行严格的规划管控。及时编制和修订流域水土保持规划,科学推进水土流失综合防治。

(五)建立健全流域规划实施机制。规划一经批准,必须严格执行。坚持流域范围内的区域水利规划服从流域规划,水利专业(专项)规划服从综合规划。流域综合规划和流域专业(专项)规划确定的主要任务和约束性指标要分解落实到流域内各个地区,建立健全流域规划实施责任制,对流域规划相关指标进行监测、统计、评估、考核,建立规划落实结果与有关考核激励挂钩制度,发挥考核督促作用,确保流域规划目标任务全面落实。严格依据相关法律法规和流域规划开展水工程建设规划同意书、河道管理范围内建设项目工程建设方案、洪泛区蓄滞洪区内非防洪建设项目洪水影响评价、不同行政区域边界水工程批准、取水许可、河道采砂许可、生产建设项目水土保持方案、工程建设影响水文监测等许可审批,对不符合流域规划要求的,依法不予行政审批。

三、强化流域统一治理

(六)统筹确定流域治理标准。按照水灾害水资源水生态水环境统筹治理的要求,合理确定流域上下游、左右岸、干支流的防洪标准、水资源配置原则和河湖保护治理管控规则,建立功能定位清晰、区域分布合理、规模标准科学的防洪工程、水资源配置工程和河湖生态修复与保护工程项目库,实施项目台账动态管理,推进流域协同保护治理。

(七)有序推进项目实施。依据流域规划,从流域全局着眼,区分轻重缓急,更加注重工程项目的关联性和耦合性,充分考虑新上项目对全流域的影响,以流域整体效益最大化为原则,合理安排项目实施顺序,做到流域和区域相匹配、骨干和配套相衔接、治理和保护相统筹。严禁未经批准擅自变更开工顺序、建设内容和建设规模。对未取得许可擅自建设或违反许可要求建设水工程的行为,依法依规进行查处。

四、强化流域统一调度

(八)完善流域多目标统筹协调调度机制。充分发挥流域防汛抗旱总指挥部办公室组织、指导、协调和监督作用,建立健全流域统筹、分级负责、协调各方的调度体制机制,统筹流域防洪、供水、水生态、水环境、发电、航运等多目标,通盘考虑流域上下游、左右岸、干支流,充分协调各方需求和利益,实施流域多目标统筹协调调度,实现综合效益最大化。健全完善流域水工程多目标统筹协调调度方案,进一步明确调度目标、原则、范围、权限、程序和信息共享等内容,依法依规科学开展流域统一调度。建立流域多目标统一调度信息平台,构建具有预报、预警、预演、预案功能的数字孪生流域。

(九)强化流域防洪统一调度。坚持区域服从流域、兴利服从防洪的原则,把流域防洪安全放在突出位置。从流域全局出发,统筹运用水库、河道及堤防、蓄滞洪区等各类防洪工程体系,综合采取"拦、分、蓄、滞、排"等措施,充分发挥防洪工程减灾效益。加强气象水文预报耦合,延长洪水预报期,提高预报精度;完善洪水预警发布机制,将预警信息直达一线;根据雨水情预报情况、防洪调度模式,对洪水演进情况进行模拟预演;根据防洪工程、经济社会发展现状和防洪预演结果,形成水工程实时防洪调度方案,科学实施统一调度。

(十)强化流域水资源统一调度。按照节水优先、保护生态、统一调度、分级负责的原则,依据江河流域水量分配方案,明确相关河段和控制断面流量水量、水位管控要求,根据雨情、水情、旱情、水库蓄水量等,制定并实施流域水资源统一调度方案和年度调度计划。区域水资源调度服从流域水资源统一调度,统筹区域间、行业间不同用水需求,完善水资源调度管理的协商、协调、预警、生态补水和信息共享机制,保障水资源统一调度。做好抗旱、突发性水污染事件处理等水资源应急调度工作。

（十一）强化流域生态统一调度。从全流域出发，制定江河干流和重要支流控制断面生态流量、重要湖泊生态水位、地下水超采区水位等管控指标，制定生态流量和生态水位保障实施方案。将生态水量纳入年度水量调度计划，开展流域生态调度，保证河湖基本生态用水需求。结合流域水情因地制宜相机开展生态补水，遏制江河断流和湖泊萎缩干涸态势，维护河湖健康生命。将流域内重要河湖生态用水调度纳入水利水电、航运等枢纽工程日常运行调度规程，建立常规生态调度机制，对下泄流量不符合生态流量要求的，责令整改并督促落实，保证河湖生态流量。

五、强化流域统一管理

（十二）充分发挥河湖长制作用。在重要江河湖泊流域率先建立完善省级河湖长联席会议制度。建立健全流域内河长办工作协调机制，协调解决河湖长制工作中的重大问题，加强对流域内各地区河湖长制工作落实情况的协调、指导和监督。推动流域区域联防联控联治，凝聚治水管水合力，形成流域统筹、区域协同、部门联动的河湖保护管理格局。

（十三）强化河湖管理。加强流域内各地区协同，推进河湖"清四乱"常态化、规范化，督促指导"乱占、乱采、乱堆、乱建"等违法违规行为整改到位，严肃查处非法围垦河湖、人为水土流失等问题，加强河道采砂监督管理，依法依规推进小水电分类整改，加大对侵占或毁坏堤防、护岸、水文监测等工程设施的处罚力度，遏制侵占河湖躯体、损害河湖健康生命行为。加快推进河湖管理范围和水利工程管理保护范围划定，对河湖水域岸线空间严格进行分区分类管控。

（十四）强化水资源统一管理。坚持"四水四定"，统筹干支流、地表水与地下水、当地水与外调水、常规水与非常规水，优化配置水资源，提升配置效率。按照江河水量分配全覆盖的要求，加快江河流域水量分配，把流域可用水量逐级分解到流域内的各行政区域,加快建立地下水取用水总量和水位"双控"指标体系。严格取水许可审批和事中事后监管,加大无证取水、无计量取水、超许可取水、擅自改变取水用途等违法行为查处力度,切实规范水资源开发秩序。以流域为单元建立取用水总量管控台账,严格流域取用水动态管控,切实将河湖水资源和地下水开发强度控制在规定限度内。建立流域水资源承载能力监测预警机制,定期开展流域和特定区域水资源承载能力评价,实时监测流域和重点区域水资源开发动态。完善用水权市场化交易平台和相关制度,培育和发展用水权交易市场,引导鼓励地区间、行业间、用水户间开展多种形式的用水权交易。

(十五)强化流域联合执法。以流域为单元,依托河湖长制平台,建立完善水利部门牵头,其他有关部门参与的河湖联合执法机制,建立健全流域上下游、左右岸、干支流、行政区域间联合执法制度,落实行政区域界河行政执法职责,着力破解跨界河湖执法难等问题。搭建流域执法信息共享平台,实现违法线索互联、监管标准互通、处理结果互认。建立健全水行政执法、治安管理执法、刑事司法衔接机制,对违反治安管理处罚规定或者涉嫌犯罪的,依法移送司法机关。推动建立涉水领域公益诉讼制度,发挥公益诉讼保障监督作用。

六、强化水利部流域管理机构的职能作用

(十六)发挥流域管理机构在规划编制和审查方面的作用。实行规划编制目录清单管理,水利部流域管理机构承担国家确定的重要江河、湖泊和跨省(自治区、直辖市)的其他江河、湖泊流域综合规划编制或修编工作,承担流域防洪规划、水资源规划、岸线保护利用和采砂规划、水土保持规划等专项规划编制或修编工作,按规定程序报批。探索建立区域规划服从流域规划合规性审核制度,县级以上地方人民政府审批的水利规划中,对于可能增加流域防洪风险、改变流域水资源配置和水利工程布局、直接涉及省际河流(河段)或国际河流(含跨界、边界河流和湖泊)的水利规划,审批前须经相关流域管理机构提出审查意见;对于影响跨省(自治区、直辖市)河流、湖泊的水利规划,在审批前须书面征得相关流域管理机构同意;上述规划审批后应送相关流域管理机构备案。涉及流域水资源配置的专业(专项)规划,水利部流域管理机构组织对规划编制部门编制的规划水资源论证报告书进行审查。

(十七)发挥流域管理机构在审查审批方面的作用。水利部流域管理机构对流域管理范围内有关事项的审查是水利部审查审批的必要条件。水利部职权范围内的水利基本建设项目立项申请、可行性研究报告授权水利部流域管理机构审查,同意后报水利部审查或审批;初步设计文件和生产建设项目水土保持方案,应当征得水利部流域管理机构同意后由水利部审批。水利部流域管理机构加强水工程建设规划同意书审核、不同行政区域边界水工程批准、非防洪建设项目洪水影响评价报告审批、河道管理范围内建设项目工程建设方案审批、专用水文测站审批、国家基本水文测站上下游建设影响水文监测工程审批等行政许可事项的实施和事中事后监管。在编制年度中央预算内水利建设投资建议计划和水利发展资金建议计划时,对各流域管理范围内的项目,水利部将相关建议计划送各水利部流域管理机构充分征求意见。优化水利部流域管理机构取水许可审批事权,水利部流域管理机构应当加强流域重大资源配置工程项目、控制性水利水电枢纽工程和规模以上重大建设项目取水审批。

(十八)发挥流域管理机构在行业监管方面的作用。加强水利部流域管理机构对中央预算内水利建设投资计划、水利发展资金执行的指导和监督,突出对流域内重要水利工程的项目前期、建设过程、运行管理等全链条指导监督。建立七大流域省级河湖长联席会议制度,完善水利部流域管理机构与省级河长办协作机制,强化水利部流域管理机构对省(自治区、直辖市)河湖长制工作的协调、指导和监督。加强江河流域取用水监管和水资源承载能力监测预警,严控河湖水资源开发利用强度,切实守住流域水资源开发上线和生态流量管控底线。强化流域内水土保持监管,开展对生产建设项目水土保持方案实施和自主验收、国家水土保持重点工程和省级水行政主管部门水土保持监管履行等情况的监督检查,加强淤地坝建设和安全运用监管,发现问题及时处理并督促整改。强化对流域内各省(自治区、直辖市)用水定额编制、执行情况的监督检查。加强流域内水利工程移民监督管理,参与指导大中型水利工程移民安置规划编制和审核工作。开展农水水电项目建设和运行维护监管,依据水资源承载状况,统筹城乡供水、灌溉发展、水能开发项目规划等,针对农村供水、灌溉排水、小水电建设等方面的问题进行核实并督促整改。

(十九)发挥流域管理机构在水行政执法方面的作用。水利部流域管理机构依照有关法律法规履行在防洪、水资源管理、河湖管控、水土保持以及水利建设管理等方面的行政执法职责,建立法定执法事项清单。加强流域基层专职水政监察队伍建设,严格执法人员资格管理,强化岗前岗位培训,提高执法人员素质。加强执法装备设施建设,强化数字化、网络化、智能化运用,提高执法效能。牵头建立健全流域内跨区域、跨行业、跨部门联合执法机制,实现省际间联防联控联治。组织开展联合执法巡查,强化水法律法规实施,对流域管辖权限内的违法案件,要严格履行法定执法职责,依法实施水行政处罚。对地方管辖权限内的违法案件,要加强执法监督,督促地方水行政主管部门严肃查处,彰显水法律法规权威。健全省际水事纠纷预防调处长效机制,切实履行水事纠纷调处职责,有效维护边界水事秩序稳定。

(二十)发挥流域管理机构在督查考核激励方面的作用。在防洪减灾、水资源管理、节约用水、河湖管理、水土保持、水利工程建设和安全运行、农村饮水安全、水库移民等领域监督检查、核查、督查事项中,水利部流域管理机构参与制定工作方案,并牵头组织实施。一个省份涉及多个流域的,由水利部统筹确定牵头负责的流域管理机构。在最严格水资源管理制度考核、水利建设质量工作考核中,水利部流域管理机构参与制定考核办法、年度工作方案等工作,全过程参加考核,并对考核结果提出意见和建议,将水利部流域管理机构平时掌握的情况作为考核赋分的重要依据。

七、保障措施

(二十一)强化责任落实。要切实增强以流域为单元谋划推进水利工作的意识,建立完善流域水利工作"一本账",聚焦防洪、水资源、河湖管理、水土保持、农村水利、工程建设和运行管理等涉水重点工作领域开展精准高效监管,定期跟踪工作进展情况,实时掌握流域内水利工作动态信息。各级水行政主管部门要加大指导支持力度,按流域界限部署安排水利工作,让流域管理机构在其流域管理范围内充分发挥职能作用。流域管理机构要严格落实"三定"规定,充分发挥自身优势,履职尽责、主动作为。

(二十二)提升流域治理管理能力。把党的领导贯穿流域治理管理各方面全过程各环节,以全面从严治党引领和保障流域治理管理工作。认真落实新时代党的组织路线,加强干部培养选拔和监督管理,制定流域高层次技术人才、高技能人才和专业人才引进、培养、储备计划,优化干部人才队伍年龄结构和专业结构,打造一支适应流域治理管理和高质量发展需求的高素质专业化干部人才队伍。优化完善流域水文站网,加强流域水文测报能力建设,实现测报统一化、标准化、规范化。推进数据资源整合共享,全面准确掌握全流域水利基础信息。加快推进数字孪生流域建设,通过数字化、网络化、智能化手段,实现物理流域与数字孪生流域同步仿真运行、实时交互和迭代优化,强化预报、预警、预演、预案功能,支撑流域治理管理活动。加强科研平台建设,推动流域保护治理重大问题研究和成熟适用技术推广运用。各级水行政主管部门与流域管理机构要树立"一盘棋"思想,加强信息互通共享,在全国或区域水利一张图基础上构建流域"水利一张图"。

（二十三）强化法治保障。积极推进水法、防洪法等法律法规修订,完善流域管理与行政区域管理相结合的体制机制,强化流域管理法定地位和指导监督作用,完善流域统一规划、统一治理、统一调度、统一管理相关制度,促进流域上下游、左右岸、干支流在防洪减灾、水资源集约节约利用、河湖管控、水生态保护治理等方面立法协同,推动流域治理管理法治化、制度化。推进流域管理机构法治机关建设,健全依法行政制度体系,深化法治宣传教育培训,提高决策科学化、民主化、法治化水平。

（二十四）严格履职考核。建立目标明确、指标合理、方法适宜、奖惩到位的考核制度,强化流域管理机构履职尽责情况督查,严格落实责任追究机制,切实保障各项流域涉水职责充分履行,确保流域治理管理工作目标任务全面落实。流域管理机构要加强与地方水行政主管部门的沟通,主动听取地方水行政主管部门的意见。

（二十五）加强经验总结推广。各级水行政主管部门要牢固树立流域观念和系统观念,自觉支持和服从流域治理管理,并在本行政区域内积极探索建立符合本地实际的流域治理管理体制机制。加强好经验好做法的宣传推广,广泛凝聚强化流域治理管理的智慧和力量。

水利部

2022年1月7日

水利部办公厅关于强化流域水资源统一管理工作的意见

办资管〔2022〕251号

各流域管理机构，各省、自治区、直辖市水利（水务）厅（局），新疆生产建设兵团水利局：

为贯彻落实《水利部关于强化流域治理管理的指导意见》（水办〔2022〕1号），提升流域治理管理能力和水平，推动新阶段水利高质量发展，现就强化流域水资源统一管理提出如下意见。

一、总体要求

（一）指导思想。深入贯彻落实习近平总书记"节水优先、空间均衡、系统治理、两手发力"治水思路和关于治水重要讲话指示批示精神，以流域水资源可持续利用为目标，以合理配置经济社会发展和生态用水、强化水资源统一监管、推动水生态保护治理为重点，着力提升水资源集约节约利用能力、水资源优化配置能力、流域生态保护治理能力，推动新阶段水利高质量发展，为经济社会持续健康发展提供有力支撑。

（二）基本原则。坚持"以水定城、以水定地、以水定人、以水定产"，强化流域水资源管控，将水资源刚性约束要求落到实处；坚持生态优先，处理好流域水资源开发利用与节约保护的关系；坚持系统观念，从全流域出发统筹干流与支流、地表水与地下水、当地水与外调水、常规水与非常规水的优化配置；坚持流域与区域相结合的水资源管理体制，在充分发挥区域水资源管理作用的同时，进一步强化流域水资源统一管理。

二、合理配置经济社会发展和生态用水

（三）保障河湖生态流量。将河湖基本生态流量保障目标作为河湖健康必须守住的底线。从全流域出发，以维护河湖生态系统功能为目标，统筹流域内生活、生产和生态用水配置，科学确定河湖生态流量保障目标。有序开展已建水利水电工程生态流量复核工作。流域管理机构要进一步加强生态流量管理的统筹协调,会同各省级水行政主管部门对河湖生态流量实施清单式管理,按管理权限逐一制定河湖生态流量保障实施方案,落实管理责任,将生态流量保障目标纳入水资源调度方案、年度调度计划,加强生态流量监测预警,严格落实生态流量保障目标。

(四)加快推进江河水量分配。以流域为单元,以流域综合规划为依据,统筹考虑重大水资源配置工程,明确江河流域分配的总水量和各相关地区的水量分配份额、重要控制断面下泄水量流量指标等,防止水资源过度开发。对尚未完成水量分配的跨省江河,流域管理机构要进一步加大协调力度;各相关省份要从全流域出发、从大局出发,尽快配合完成水量分配。各省级水行政主管部门要加快推进跨市县江河水量分配。开发利用地表水必须符合水量分配方案要求。

(五)严格地下水取水总量和水位控制。统筹流域内各水源配置,以县级行政区为单元确定地下水水位和地下水取水总量控制指标,防治地下水超采,实现地下水可持续利用。流域管理机构要强化对流域内省级边界且属于同一水文地质单元的区域地下水管控指标的协调,确保地下水管控指标体系科学合理;指导和监督流域内各省(自治区、直辖市)落实地下水管控指标。开发利用地下水,必须符合地下水取水总量控制、地下水水位控制等要求。

(六)推动明晰区域水权。流域与区域相结合,在明确江河流域水量分配、地下水管控指标和外调水可用水量等基础上,明确各地区来自不同水源的可用水量,以此为基础明晰区域水权。水量分配方案批复的可用水量,作为区域在该流域的地表水用水权利边界;确定下来的地下水可用水量,作为区域的地下水用水权利边界;对已建和在建的调水工程,调水工程相关批复文件规定的受水区可用水量,作为该区域取自该工程的用水权利边界。

(七)强化规划水资源论证。各级水行政主管部门要全面推动对工业、农业、畜牧业、林业、能源、自然资源开发等规划和重大产业、项目布局及各类开发区、新区规划等开展规划水资源论证工作,从规划源头促进产业结构布局规模与水资源承载能力相协调。需由流域管理机构审查的涉及流域水资源配置的专业(专项)规划,流域管理机构应同步组织对其规划水资源论证报告书进行审查。

(八)科学规划实施跨流域调水工程。按照"确有需要、生态安全、可以持续"的原则,科学规划实施跨流域调水工程,切实守住流域水资源开发利用上限和生态流量管控底线。对调出水资源的流域,各级水行政主管部门按管理权限审查的调水工程规划及可行性研究报告,应论证与江河水量分配方案、生态流量保障目标等水资源管控指标的符合性。对调入水资源的流域,应论证水资源需求的合理性以及与区域用水总量控制指标的符合性;工程实施后应统筹本地水和外调水,充分发挥调水工程效益。

三、强化流域水资源统一监管

(九)全面加强流域水资源监测体系建设。流域管理机构要围绕流域水资源管控指标,以重要江河控制断面下泄流量水量监测、重要湖泊水位监测、重点取水口取水在线计量为重点,系统完善监测计量体系。统筹推进水资源管理信息系统整合,切实强化流域区域数据资源共享,全面准确掌握全流域水资源及其开发利用保护信息,形成流域水资源信息"一张图"和水资源监管"一本账"。流域管理机构对本流域范围内的水资源监测与信息共享开展监督检查。推进数字孪生流域建设,建设流域水资源管理与调配应用系统,提升流域水资源数字化、网络化、智能化管理水平,提高水资源调配决策能力。

(十)强化取水口管理。以流域为单元建立取用水总量管控台账,严格流域取用水动态管控,切实将江河水资源和地下水开发强度控制在规定限度内。对依法应纳入取水许可管理的取水口,全面实施取水许可。严格水资源论证和取水许可,未开展水资源论证或未通过水资源论证技术审查的,不得批准取水许可。

流域管理机构加强流域重大水资源配置工程项目、控制性水利水电枢纽工程和规模以上重大建设项目取水审批。全面推广应用取水许可电子证照。严厉打击未经批准擅自取水、未取得审批文件擅自建设取水工程或设施、无计量取水、超许可取水、擅自改变取水用途等违法行为,完善取用水管理长效监管机制。

(十一)加强水权交易及监管。对位于同一流域或者位于不同流域但具备调水条件的行政区域,县级以上地方人民政府或者其授权的部门、单位,可以对区域可用水量内的结余或预留水量开展交易。取用水达到或超过可用水量的地区,原则上要通过水权交易满足新增用水需求。推进取水权交易和灌溉用水户水权交易,探索用水权有偿取得。强化用水权交易审核,防止以用水权交易为名套取取用水指标,防止用水权交易挤占生活、基本生态用水和农田灌溉合理用水。流域管理机构要加强管辖范围内水权交易活动的监督管理工作。

(十二)健全水资源考核与监督检查机制。按照建立水资源刚性约束制度的要求,完善考核内容,优化考核方式,健全工作机制,强化问题整改和责任追究,发挥考核的激励鞭策和导向作用。充分发挥流域管理机构作用,流域管理机构参与制定水资源考核办法、年度工作方案等工作,全过程参加考核,将掌握的情况作为考核赋分的重要依据,并对考核结果提出意见和建议;在水资源管理监督检查中,流域管理机构参与制定监督检查工作方案,并组织实施。

四、推动流域水生态保护治理

(十三)开展流域水资源承载能力评价。建立流域水资源承载能力监测预警机制,流域管理机构会同各省级水行政主管部门定期开展流域和特定区域水资源承载能力评价,实时监测流域和重点区域水资源开发情况。水利部依据流域区域水资源承载能力监测结果,发布并动态更新水资源超载地区名录。

(十四)实行水资源超载地区暂停新增取水许可。在水资源超载地区,按超载的水源类型暂停相应水源的新增取水许可。对合理的新增生活用水需求以及通过水权转让获得取用水指标的项目,可以继续审批新增取水许可,但需严格进行水资源论证,原由市级、县级水行政主管部门负责审批的,审批权限调整为省级水行政主管部门;省级水行政主管部门在审批新增取水许可前,应当征求流域管理机构意见。流域管理机构要指导有关省级水行政主管部门组织水资源超载地区制定实施水资源超载治理方案,明确超载治理的目标、完成时限、具体治理措施,切实解决水资源超载问题。

(十五)开展母亲河复苏行动。流域管理机构会同省级水行政主管部门全面排查断流河流(河段)、萎缩干涸湖泊,确定母亲河复苏名单,组织制定"一河一策""一湖一策",推进修复目标、任务和措施落实,逐步退还被挤占的生态用水。继续深入实施华北地区河湖生态环境复苏行动,推进大运河生态保护与修复、永定河综合治理与生态修复、西辽河量水而行工作,继续做好黄河、塔里木河、黑河、石羊河水资源优化配置和调度,巩固修复治理成果。

(十六)推进地下水超采治理。开展地下水超采区划定。流域管理机构对流域内各省(自治区、直辖市)的超采区划定成果进行复核。有关省级水行政主管部门要加强地下水禁采区、限采区监管。相关省级水行政主管部门、流域管理机构要以京津冀地区为重点,系统推进华北地区地下水超采综合治理。推动实施三江平原、松嫩平原、辽河平原、西辽河流域、黄淮地区、鄂尔多斯台地、汾渭谷底、河西走廊、天山南北麓与吐哈盆地、北部湾地区等重点区域地下水超采治理工作,落实治理任务,及时开展成效评估。流域管理机构结合地下水水位变化通报和地下水超采治理要求,指导督促地方落实地下水超采治理主体责任。

(十七)扎实做好饮用水水源地保护。以流域为单元完善饮用水水源地名录,实施名录动态调整,有序开展饮用水水源地安全评估。摸清流域范围内地级以上行政区应急备用水源地建设、管理及运行情况。加强饮用水水源日常监管和监督性监测,建立完善流域区域沟通协调机制。推动建立跨部门水资源保护协作机制。严格落实重大突发水污染事件报告制度,及时掌握污染影响范围内饮用水水源情况、水利工程情况等,加强应急调度配置,提升应急处置能力。

五、强化支撑保障

(十八)加强组织领导。各级水行政主管部门要牢固树立流域治理管理的系统观念,把强化流域水资源统一管理工作作为事关新阶段水利高质量发展的重要任务,加强组织领导和工作推动,调动各方力量,确保各项措施落实落地。流域管理机构要严格落实"三定"规定,充分发挥自身优势,履职尽责、主动作为。在强化流域水资源统一管理的同时,要注重流域区域协同,为区域经济社会发展提供服务和水资源支撑,区域发展要与流域水资源承载能力相适应。

(十九)强化法治保障。加快推进黄河保护法立法进程。加大水资源领域突出问题的执法力度。充分发挥流域管理机构统筹协调作用,建立健全流域内水行政执法跨区域联动、跨部门联合、与刑事司法衔接、与检察公益诉讼协作等机制,强化全流域联防联控联治。建立完善与公安机关、检察机关、审判机关的信息共享、案情通报、证据衔接、案件移送、工作协助等程序和机制,充分发挥执法在水资源管理领域的支撑保障作用。

(二十)强化科技与投入支撑。按照贯彻落实水资源刚性约束的要求,充分考虑不同流域水资源特点、水资源开发利用存在的问题等,开展流域水资源宏观战略研究,加强前瞻性思考、全局性谋划、战略性布局、整体性推进。充分利用水资源监测、水生态保护和修复、地下水超采治理等方面的先进实用科技成果,强化水资源管理的科技支撑。加大流域水资源监测体系、管控、科研等方面的投入,加大地下水超采治理、水生态保护与修复治理的投入,努力保障流域水资源管理治理的资金需求。

(二十一)加强经验总结推广。在推进强化流域水资源统一管理的基础上,遴选一批管理科学、成效显著、可复制可推广的流域水资源管理典型,总结经验、广泛宣传推广,凝聚强化流域水资源管理的智慧和力量,进一步推动流域水资源管理。

水利部办公厅
2022 年 9 月 6 日